网络时代儿童青少年社会性发展

周宗奎 主编

Self-perceived Social Competence and
Social Adaption in Childhood and Adolescence

儿童青少年
社交自我知觉与社会适应

"十三五"国家重点图书

湖北省学术著作
Hubei Special Funds for
Academic Publications
出版专项资金

游志麒 ◎ 著

U0726483

长江少年儿童出版社
华中师范大学出版社

图书在版编目（CIP）数据

儿童青少年社交自我知觉与社会适应 / 游志麒著 .
— 武汉：长江少年儿童出版社：华中师范大学出版社，
2022.10
（网络时代儿童青少年社会性发展 / 周宗奎主编）
ISBN 978-7-5560-7024-4

Ⅰ . ①儿… Ⅱ . ①游… Ⅲ . ①心理交往—儿童教育—
研究 ②心理交往—青少年教育—研究 Ⅳ . ① B844 ② G782

中国版本图书馆 CIP 数据核字（2021）第 028450 号

儿童青少年社交自我知觉与社会适应
ERTONG QINGSHAONIAN SHEJIIAOZIWOZHIJUE YU SHEHUISHIYING

责任编辑：赵佳慧
美术编辑：王　贝
责任校对：莫大伟
出版发行：长江少年儿童出版社
业务电话：（027）87679174　（027）87679195
网　　址：http://www.cjcpg.com
电子邮箱：cjcpg_cp@163.com
承 印 厂：湖北恒泰印务有限公司
经　　销：新华书店湖北发行所
印　　张：13.625
字　　数：206 千字
印　　次：2022 年 10 月第 1 版　2022 年 10 月第 1 次印刷
规　　格：720 毫米 ×1000 毫米
开　　本：16 开
书　　号：ISBN 978-7-5560-7024-4
定　　价：38.00 元

总　序

　　在现代信息社会，互联网早已渗透到日常生活的各个领域。而作为数字时代的原住民，儿童青少年深受网络时代大潮的影响。各种数字化的生活方式和环境，也在广泛地改造着家庭教育和学校教育的环境。在这种背景下，人们越来越关注网络空间和数字化环境中儿童青少年的发展特点，重视数字技术对儿童青少年发展的影响。手机、网络游戏、线上教学、触屏终端等数字化因素已成为影响儿童青少年发展和适应的重要环境变量或过程变量，其成长发展也必然出现一些新的特点。

　　传统的发展心理学研究内容大多以西方文化背景下的儿童青少年为研究对象，由此归纳和总结的相关发展特点难免存在某些文化特异性的印记。近些年来，发展心理学家们对中国文化背景下的儿童青少年的发展特点进行了大量的探索，验证或揭示了一些具有鲜明中国文化特点的儿童青少年发展规律。例如关于羞怯的研究发现，羞怯不利于西方文化背景下儿童青少年的社会适应，但是对中国文化背景下的儿童青少年具有积极的效应。由此可见，探索网络时代背景下，中国儿童青少年社会性和人格相关变量的发展变化特点，以及这些发展特点对社会适应的影响显得尤为重要。

　　在网络时代和中国文化背景下，本丛书围绕中国儿童青少年社会性和人格发展这一主题，依托国家社科基金重大项目"我国儿童青少年人格发展基础性数据库构建研究"，基于长期追踪研究数据库，深入探索了同伴交往情境中的儿童心理理论、社交自我知觉、创造性和同伴乐观等社会性和人格相关变量的发展特点及其对社会适应的影响机制等重要的理论和现实问题。在毕生发展观的指导下，研究者通过一系列的实验研究设计和追踪研究设计，深入分析了同伴交往变量与心理理论、社交自我知觉、创造性和同伴乐观之间可能存在的复杂联系。同时，采用多层线性模型、潜变量增长模型、潜变量混合增长模型、社会网络分析等统计分析与研究方法，深入考察这些核心变量对儿童青少年社会适应的影响机制。

丛书由四部专著组成，主题集中在儿童青少年的社会性发展领域。作者分别对同伴交往、社交自我知觉、创造性的发展与培养、朋友网络中的同伴乐观等问题进行了深入的实验研究和调查分析。基于这些研究而形成的丛书，一方面探索了网络时代背景下中国儿童青少年社会性和人格相关变量的发展变化特点，有助于我们更好地了解当前中国儿童青少年人格发展的普遍规律；另一方面，通过对相关变量及其对社会适应影响机制的深入探讨，有助于我们发现提升儿童青少年社会适应能力的方法，从而为促进儿童青少年的社会适应能力的发展提供实践中的"抓手"，对于促进人的心理健康发展途径的探索具有重要的理论和现实意义。

本丛书的作者均为经过系统训练的心理学博士，目前均在高校心理学和相关专业从事教学和科研工作。他们在儿童青少年发展研究领域进行了长期的探索，这些成果是他们艰苦探索的心血和结晶。丛书介绍的具体研究，均是基于儿童青少年人格特征追踪研究数据库的成果。丛书的出版，一方面是总结过去研究成果，试图探索我国儿童青少年社会性和人格发展的规律，另一方面是为了探索促进儿童青少年人格健康发展的干预方向和措施，回应教育和社会发展的需求，体现心理学研究的应用价值。

作为学术性系列著作，本丛书在追求专业性、科学性、前沿性和创新性的基础上，试图更为系统地阐述和归纳网络时代背景下，中国儿童青少年社会性和人格相关变量的一般发展规律及其对社会适应的影响，较为深入地揭示网络时代信息技术和社会文化多元格局对儿童青少年发展的影响，从而为推动相关理论的探讨做出有时代色彩的贡献。

儿童青少年社会性与人格发展是一个具有深远意义的研究主题。本丛书所涉及的研究内容仅仅是诸多变量中的一小部分，疏漏之处，敬请同行批评指正。随着社会的发展、时代的变迁、文化的演变，儿童青少年的社会性与人格发展特点也将发生相应的改变，因此需要更多致力于儿童青少年发展的研究者持续的关注和共同努力。

周宗奎

2021 年元月

目　录

引　言

从呱呱坠地起，新生儿就开始探索这个世界，他们对看到的一切感到好奇，包括每一缕阳光、每一种物体、每一个人……父母或其他抚养者是他们交往的第一个对象，家庭是他们活动的第一场所。在父母、其他抚养者的陪伴下，他们的身体在不断发育，变得更强壮，心理也在不断发展，这其中，对自我的探索尤为突出。婴儿会在镜子前抹去鼻尖上的红点，意味着他们有了自我意识，开始了解自己的外貌特征，意识到镜中的人就是"我"。随着与父母、其他抚养者的互动不断深入，他们开始学习与他人"打交道"的方法，开始知道哭泣时抚养者会表现出紧张的情绪并关注自己的需求。这意味着他们已经对与抚养者的交往有了初步的认识。

同伴是他们除抚养者、老师之外最重要的交往对象，与同伴的交往既是他们社会性发展的背景，也是其学习社交技能的"训练场"。更重要的是，在与同伴的交往过程中，他们不断塑造和修正对自我的认识，包括对自己社交能力的认识。我们经常在幼儿园看到，有些孩子非常受同伴欢迎，有些孩子却没有玩伴；有些孩子会勇敢地站到舞台上，镇定自若地表演节目，有些孩子则畏缩不前；有些孩子会主动邀请别的小朋友一起玩耍，有些孩子则从来不敢这样做。这反映他们对自己的能力认知不同，其社交能力的自我知觉存在较大的个体差异。

观察到这些现象，相信孩子的父母、老师和研究者们会提出一系列的问题，如：

为什么有些孩子敢主动与同伴的交往，而有些孩子不敢？这种差异是什么因素所导致的？是不是他们社交能力的自我知觉水平不同？

随着时间的推移，孩子不断成长，他们的社交能力自我知觉有什么特点？是不是所有孩子的发展都一样？早期的发展是否会影响到后期的成长？

社交能力自我知觉是否会对孩子今后的社会适应产生影响？社交能力自我知觉水平较高的孩子是否更受老师和同伴的欢迎？

社交能力自我知觉是孩子对自己社交能力的主观评价，儿童及青少年认知能力有限，他们对自己的评价是否存在偏差？如果是，那么这种认知偏差除了与生理成熟因素有关，是否还和他们的同伴交往经验有关？这种认知偏差是否会影响他们的社会适应？

发展心理学家们试图回答这些问题。经过大量的实证研究，他们已经对一些问题达成了共识，如，与同伴交往的经验会影响儿童的社交能力自我知觉，女孩的社交自我知觉水平要高于男孩的社交自我知觉水平。但是，还有一些问题需要我们进一步探索，如儿童社交能力自我知觉的准确性与偏差的问题。

本书采用纵向研究设计，结合相关理论考察童年中后期的儿童及青少年社交能力自我知觉的发展变化特点，探索影响其社交能力自我知觉的同伴交往变量，分析他们的社交能力自我知觉发展变化对社会适应变量（孤独感和社交退缩）的影响机制，并在此基础上进一步探索儿童社交自我知觉准确性与偏差的现状、发展特点、影响因素，以及对社会适应变量（孤独感和社交退缩）的影响。希望上述研究能充实儿童发展心理学的相关理论，为儿童及青少年社交自我知觉的干预方法、社交技能的培养提供指导和帮助。

\ 第一章 \ 儿童及青少年社交自我知觉的研究进展

　　人终其一生都在问：我是谁？我从哪里来？又要往哪里去？……认识自我，可以说是人类最重要的追寻之一。为了揭去自我的神秘面纱，人类做了很多努力，宗教、哲学都是人类努力的结果。起源于哲学的心理学，也对自我倾注了大量的心血。许多心理学家为研究自我投入了毕生的精力。当前，关于自我的研究比比皆是，这些研究极大地丰富了人类对自己的认识。自我的研究内容在不断扩展，在时间维度上，从过去的我扩展到未来的我；在空间维度上，从现实自我扩展到虚拟自我。人们在认识和了解自己的过程中特别关注对自己各方面能力的评价和判断，它贯穿人的一生（Ruble & Flett，1988）。

　　研究者（Harter，1985a）将其称为能力自我知觉（self-perceptions of competence），它指个体对自己完成特定任务能力的评价性判断，个体据此相信，自己知道做什么以及如何做才能取得成功。能力自我知觉与元认知有着密切的关系，是个体自我意识的一种表现，是个体对其实际能力和潜在能力的反映（李凌，2002）。能力自我知觉是社会心理学的重要内容，是自我知觉的重要组成部分，它是人们对自己的认识，属于自我意识的认知部分，也是个体的个性特征中最为独特且为人类所独有的特征。可以说，自我知觉的研究在很大程度上是探讨类似于"我是谁"的问题。例如，人了解自己吗？在生命历程中，人是何时开始认识自己的？人对自己的了解程度如何？而能力自我知觉探讨的是对能力领域的相对认知的评价，例如，我的同事们喜欢我吗？我能胜任这份工作吗？我的数学能力很强吗？

自我知觉的研究，尤其是儿童及青少年自我知觉发展的研究，受到许多研究者的重视。最初人们普遍认为自我知觉是一般性的、概括性的知觉，然而随着研究的深入，很多研究者发现，儿童往往很难形成抽象的、概括性的概念，他们的自我认知应该是具体的。有研究者认为，自我知觉包括对自己运动技能的知觉、对自己社交能力的知觉等具体性的知觉。对儿童及青少年而言，与同伴之间的交往，尤其是对自己人际关系状况及其相应社交能力的知觉，是其社会适应过程中的重要一环。良好的社交自我知觉有助于他们习得社交技能，掌握与他人交往的技巧，塑造和发展良好的同伴关系，最终积极地影响其社会适应。因此，社交自我知觉，即个体对自己社交能力的评价和判断自我非常重要。

1.1 社交自我知觉的概念

研究者（Harter & Pike，1984）认为，儿童的自我知觉（self-perception）主要包括能力自我知觉和社会接受性自我知觉。能力自我知觉包括认知能力自我知觉和身体能力自我知觉，而社会接受性自我知觉则包括同伴接受性和母亲接受性。也有国内研究者试图界定自我知觉能力，例如，有研究者认为，自我知觉能力是个体对自己的能力、外表和社会接受性方面的态度、情感的认知，这种自我认知不仅为个体提供自我认同感和连续感，也能使个体的存在和发展具有意义和价值，更重要的是，当个体面临重要的任务时，个体能够据此调节和维持其行为（刘娟，2011）。这些对自我知觉的界定都指向具体领域。许多研究者认为，自我知觉还包括具体性的知觉（王娟，2006），例如对自己运动技能的知觉、对自己社交能力的知觉等（Harter，1982；1985a）。研究者（Harter，1982，1985a）认为，儿童的自我知觉是针对不同领域的具体化知觉，可根据评价领域的不同，将能力自我知觉分为四个维度：认知能力

（cognitive competence）、身体能力（physical competence）、社交能力（social competence）和一般价值感（general self-worth）。认知能力自我知觉是指儿童对自己学业方面的能力觉知；身体能力自我知觉是指儿童对自己体育及其他户外运动方面的能力觉知；一般价值自我知觉是指儿童对自己一般价值的主观判断；社交能力自我知觉是指儿童对自己是否被同伴所接纳和喜爱的觉知。

1.2　社交自我知觉的相关理论

社交自我知觉属于自我知觉的一个维度，特指个体对是否受同伴接纳和喜爱的自我感知。社交自我知觉的相关理论属于自我知觉的理论。有研究者对自我知觉理论进行了系统梳理，认为该理论主要包括：符号交互理论、依恋内部工作模型、认知发展理论、精神分析的自我心理学、儿童自我认知发生发展的理论、自我理论、自我知觉理论及镜像自我理论。笔者将在这一节中重新梳理自我知觉相关理论，并着重总结和分析其中涉及社交自我知觉的内容。这些理论中绝大部分关于自我的理论都关注自我的社会属性，并强调社会自我形成于与他人交往的环境之中，特别是库利的镜像自我理论，它认为重要他人对自己的信息反馈和评价将被儿童采纳，并逐渐整合到他们的自我之中。同时，笔者也将从同伴交往的角度对社交自我知觉的相关理论观点进行分析。

1.2.1　詹姆斯的自我理论

威廉·詹姆斯是一位杰出心理学家，他对自我进行了研究并首次将自我分类。他认为，自我可以分为经验的自我和纯粹的自我。经验的自我包括物质自我（material self）、社会自我（social self）和精神自我（spiritual self）。其中，社会自我是指个体从同伴那里获得的自我。每个人都很重视别人是如何看待自己的，如果一个人觉得别人是认可自己的，那么他就具有较高的社会自我。反之，他的社会自我则较低（James，2013）。个体的社会自我依赖于对象，并且存在于对象心中。由此可知，社会自我是个体与他人之间的双向关系。他人对个体的评价需要个体感知后才能形成其社会自我。一旦这种评价不能被个体感知，则无法形成其社会自我。

1.2.2 库利的镜像自我理论

詹姆斯是研究自我并系统阐述自我理论的第一人，他的理论观点对后人影响深远。库利（Cooley）的镜像自我理论深受詹姆斯的影响。他认为，詹姆斯对自我的分类是合理的，即自我可以分为经验的自我和纯粹的自我（Cooley，1992）。身为社会心理学家，库利更关心的是詹姆斯所提出的社会自我。不过，库利的社会自我与詹姆斯的社会自我有一定差异。詹姆斯认为，社会自我属于自我的社会方面，而库利认为社会自我是一种广义的自我，并不存在一种非社会自我与之相对，因为自我的形成总是与他人相互联系的（李广政，2012）。

库利认为，自我形成于与他人的交往过程中，个体通过与他人交往获得他人对自己的评价与反应，并据此逐渐形成自我。在人际交往过程中，他人的反馈与评价如一面"镜子"，个体通过这面"镜子"来照看自己。与此同时，个体对他人的反馈与评价同样也是一面"镜子"，可以让他人照看个体。对儿童及青少年而言，他们的自我也是通过镜映过程（looking-glass process）而形成的镜像自我（looking-glass self）。在与他人交往过程中，对方对儿童的态度反应（表情、评价与对待）如一面镜子，儿童通过这面镜子来了解和认识自己，并逐渐形成自我概念（王娟，2006）。总之，根据库利的镜像自我理论，社会自我就是人们心中的"镜中的我"，个体的社会能力可以通过他人的评价和反馈映照出来（黄振地，2006）。这一观点强调了社会交往过程中他人的反馈与评价对个体社会自我形成的重要作用。

1.2.3 米德的符号交互理论

库利的镜像自我理论认为，自我的形成源于与他人交往过程中他人的反馈与评价。人们在社会生活中与形形色色的人交往着，如果每个人都给出了反馈与评价信息，个体如何处理这些信息？如果个体与每个人交往后，根据对方的评价与反馈都形成了相应的"镜像自我"，人的大脑里应该存在数不胜数的"镜像自我"，人们又如何整合这些"镜像自我"呢？库利的镜像自我理论没有回答这些问题。

在詹姆斯和库利的观点的基础上，米德提出，如果人们需要根据每个与之交往的他人的评价与反馈形成相应的"镜像自我"，这个任务量将非常之大，人们无法合成这些"镜像自我"。他认为，人们进行自我评价的依据并不是对一个个独特的个别交往对象所做出的反馈与评价，而是将之转换成了一个个抽象的、一般化的他人。在此基础上，人们再根据设想的一般化的他人是如何看待自己的来形成自我。在这种核心观点的基础上，米德形成了符号互动理论。符号互动理论认为，自我的形成与发展源于与社会的互动，只有在社会群体中，个体的自我概念才能得到不断地发展（Mead，1934）。

儿童及青少年在形成自我知觉的过程中需要在与他人相互交往的基础上通过各种途径获取他人对自己的评价。不过并不是所有交往对象的评价对自我知觉的形成有着相同的影响（王娟，2006）。儿童及青少年在形成自我知觉时会采纳重要他人的观点和看法，并将这些观点和看法融入正在形成的自我概念中。儿童及青少年的重要他人一般包括父母、同伴和老师（Harter，1999）。

1.2.4　哈特的自我知觉理论

在自我知觉的研究领域中，哈特贡献巨大，她的一些理论得到研究者们普遍认可。她认为，儿童的自我知觉应该是具体的，即自我知觉是多维的（Harter，1982，1983，1985a）。同时，她认为儿童的自我知觉除对具体能力的知觉外，还存在与特殊能力感知不一样的知觉，儿童自我知觉并不是研究者们争论的是单维度的还是多维度的，而是综合性的，即同时存在综合性的知觉和特殊领域的知觉。

对于普遍自我价值的知觉和特殊能力的知觉，哈特认为，两者并不是逻辑上相互推演的关系，而是存在根本区别的并列关系。她认为，研究者们应该重视具体的自我知觉测量，同时也要关注普遍的自我价值感（Harter，1985a，1998，1999）。此外，她还认为，随着儿童年龄的增长，儿童的能力在量上是不断扩展的，在质上是不断提升的。因此，儿童自我知觉的成分在不断增加，儿童对自己的认识不断深化并日趋完整。在实际的研究中，不同年龄阶段的儿童的自我概念要素是不同的。哈特自我知觉的理论模型为自我的测量提供了重要的理论范式，使自我概念的实证性研究逐渐深化（Harter，1982，1985b；王娟，2006）。

1.3 社交自我知觉的测量

1.3.1 儿童能力自我知觉量表和儿童自我知觉量表

目前，关于儿童社交自我知觉的研究绝大部分都是采用哈特编制的儿童能力自我知觉量表（the perceived competence scale for children，PCSC）（Harter，1982）。该量表是国内外测量儿童自我知觉较为常用的量表（Sallquist，Eisenberg，French，et al.，2010；李幼穗，孙红梅，2007），原量表包含四个维度：社交自我知觉、认知自我知觉、运动技能自我知觉和一般自我知觉。其中，社交自我知觉维度共有 6 个项目。该量表同时给儿童呈现两个句子，儿童需要确定自己更符合哪一句的描述，再确定符合的程度，用 1～4 分表示，分数越高表示越符合。这种测量方式有利于儿童逐渐缩小选择范围，从而帮助儿童理解四点计分（Stigler，Smith，& Mao，1985）。该维度所有项目的平均分为儿童的社交自我知觉得分。

此后，哈特对最初编制的 PCSC 量表进行了修订，形成了儿童自我知觉量表（self-perception profile for children，SPPC）（Harter，1985b）。SPPC 量表也被研究者们广泛运用。无论是 PCSC 量表还是 SPPC 量表，均反映了哈特自我知觉的理论观点，即认为儿童的自我知觉包括了具体领域的能力自我知觉和整体性的自我价值感。

施蒂格勒等人（Stigler, et al., 1985）修订了 PCSC 量表，并考察了该量表在中国儿童群体中的适用性。结果发现，四因子结构（Harter, 1982）不仅适用于美国儿童（三年级至九年级），也适用于中国儿童群体（五年级）。儿童社交自我知觉（self-perceived social competence）与社交性（sociability）、社会喜好（social preference）有中等程度的正相关关系，相关系数分别为 0.29 和 0.23（Chen, He, & Li, 2004），与欺负行为（victimization）有负相关关系（$r = -0.19$；周宗奎，赵冬梅，孙晓军，等，2006）。社交自我知觉的信度和效度检验的研究也发现，该维度具有良好的信效度指标，如研究发现，其同质性信度为 0.56～0.67（Chen et al., 2004；Zhang et al., 2014），间隔一年后以小学三年级至五年级儿童为对象的重测信度为 0.48（周宗奎，孙晓军，向远明，等，2007）。SPPC 量表也具有良好的信度和效度指标，例如，以中国小学四年级至六年级儿童为对象的研究表明，SPPC 具有较好的结构效度和效标效度，且量表的内部一致性信度指标在 0.61～0.76 之间。其中，社交自我知觉的内部一致性信度为 0.73（丁雪辰，刘俊升，李丹，等，2014）。

1.3.2 幼儿自我知觉能力和社会接受性的图词测验

由于 PCSC 和 SPPC 量表通常适用于 7 岁以上的儿童，哈特和她的同事进一步探讨了 4～7 岁儿童的自我知觉，认为处于这个年龄段的儿童，其自我知觉可分为运动、认知、同伴和亲子关系四个维度。此外，针对这一年龄段儿童特有的认知特点，哈特和她的同事采用语词和图表两种方式进行测评。据此，哈特等人编制了幼儿自我知觉能力和社会接受性的图词测验（pictorial scale of perceived competence and social acceptance for young children, PSPCSA）（Harter & Pike, 1984），该量表的内容包括四个方面，分别为运动知觉、认知知觉、同伴关系知觉和亲子关系知觉。总体而言，该量表分为基本能力认知和社会接受性两个维度。量表采用图、词呈现的方式进行，并采用李克特四点计分方式。幼儿阅读水平低，认知能力有限，因而自我描述式的测量方法可信度较低。这种测量方法克服了这些问题（Byrne, 1986；DeFraine, Van Damme, & Onghena, 2007）。

许多研究者对 PSPCSA 量表的信度和效度进行了检验，也试图考察该量表在不同人群中的适用性。结果表明，该量表具有良好的信度和效度指标（French & Mantzicopoulos，2007），研究者（Mantzicopoulos，2006）对 PSPCSA 量表进行了验证性的因子分析，结果表明，基本能力知觉和社会接受性知觉两个维度具有较高的一致性。研究还发现，该量表对诸多人群具有良好的适用性（French & Mantzicopoulos，2007；Mantzicopoulos，2006），如量表对城市低收入儿童群体有良好的适用性（Fantuzzo，McDermott，Manz，et al.，1996）。国内有研究者对该量表进行了修订，结果发现 PSPCSA 量表适用于中国 4～7 岁儿童（王娟，2006）。

1.3.3　贝克莱玩偶图片访谈问卷量表

有研究者采用玩偶图片的形式，编制了贝克莱玩偶图片访谈问卷量表（the berkeley puppet interview）（Measelle，Ablow，Cowan，et al.，1998），该量表用于评估幼儿的学业自我知觉、情绪自我知觉和社会自我知觉，主要适用于 4 岁半至 7 岁半的幼儿，分三个分量表。每个分量表又分为两个维度，其中，学业自我知觉主要测量学业能力（academic competence）和成就动机（achievement motivation），情绪自我知觉主要测量抑郁与焦虑（depression-anxiety）、攻击与敌意（aggression-hostility），社交自我知觉主要测量社交能力（social competence）和同伴接纳（peer acceptance）。该量表一共有 60 个题目，大概需要 25 分钟的时间完成。

1.3.4　自我描述问卷

有研究者认为，儿童的自我概念不是单一维度的，是多维度多层次的结构（Shavelson & Bolus，1982；Shavelson，Hubner，& Stanton，1976）。他们将自我概念分为学业自我概念和非学业自我概念。其中，学业自我概念可以分为具体学科上的自我概念，如语文自我概念、数学自我概念、体育自我概念等；非学业自我概念则可以分为社会自我概念、情感自我概念和身体自我概念。此外，每个具体的自我概念又细分为更为具体的方面。根据这一理论，马什等人（Marsh，Craven，& Debus，1998）编制了自我描述问卷（self-description questionary，SDQ）。

　　由于不同年龄段的儿童自我概念存在较大的差异，该问卷有三个版本，分别适用于学龄前儿童（SDQ-Ⅰ）（Marsh，1988；Marsh，1990）、学龄儿童（SDQ-Ⅱ）（Marsh，1992）和学龄后期儿童（SDQ-Ⅲ）（Marsh & O'Neill，1984）。每个版本的量表都包括了评价该年龄段自我概念构成的成分，如学业领域涉及阅读、数学等所有学业科目。当然，每个量表测量的维度不完全相同，例如，SDQ-Ⅰ量表有 8 个分量表，分别为身体能力（physical ability）、身体外貌（physical appearance）、同伴关系（peer relationships）、亲子关系（parent relationship）、阅读能力（reading competence）、数学能力（math competence）、学校能力（school competence）、自尊（esteem）。这些分量表可以合成三个维度分数：学业自我概念（阅读、数学和学校自我概念得分的均值）、非学业自我概念（身体能力、身体外貌、同伴关系和亲子关系自我概念得分的均值）和总体自我概念（学业自我概念和非学业自我概念得分的均值）。该量表的每个分量表均具有较好的同质性信度（0.80～0.90），而分量表之间的相关较低（低于 0.20）（Marsh et al.，1998）。

1.4　社交自我知觉的发展

　　儿童对自我的理解始于什么时候？很多研究者对此进行了深入的探讨，他们普遍认为，2 岁左右的儿童已经开始了解自己了，儿童对自我的理解在幼儿时期逐渐分化，在童年和青少年期逐渐发展，最后形成丰富、复杂且全面的自我认识。例如，韦尔曼等人（Wellman，Cross，&Watson，2001）的一项关于心理理论（theory of mind）的元分析结果发现，3～4 岁的儿童对心理活动的理解已经在辨别性、组织性和精确性上达到了系统水平，开始领会信念、行为和愿望的关系，并开始形成一种和成人心理较为接近的心理观；他们也会有意地思考自己，初步建构"自我概念"（刘锋，2010）。这一结果表明，儿童在 3 岁之前对自己行为和意图等方面的理解可能是笼统的、模糊的。哈特等人也认为，早期，儿童自我的结构比较单一（Harter & Pike，1984）。儿童在幼儿时期的自我认识，往往比较笼统，同时他们某些自我认识与现实不一致，例如他们会过高估计自己的能力。随着年龄的增长，尤其到了小学一二年级，儿童与同伴、老师的交往逐渐增多，积累了大量的交往经验，认知能力显著提高（刘锋，2010）。此时，他们已经能够比较客观地看待自己的各种行为、信念和期望，自我知觉也从笼统的单一结构分化为具体的能力知觉。哈特认为幼儿在不同领域对自己能力的知觉有所不同。同时她还认为不同年龄阶段的儿童自我知觉的要素是不同的，随着年龄的增长，自我知觉的要素在不断地增加（Harter，1999）。总之，儿童在幼儿期（约 2 岁）自我开始萌芽，那时他们对自己的认识是模糊和概括的单一结构。而到了童年早期（3～4 岁），其自我知觉开始分化，变得更为精细和复杂，结构与维度日趋具体化，他们对自己能力的评估也越来越现实（French & Mantzicopoulos，2007；Harter，1999；Mantzicopoulos，French，& Maller，2004；Marsh，1991；Wigfield et al.，1997；王娟，2006）。

总体而言，自我知觉存在较为稳定的发展模式。如马什的研究发现，自我知觉从幼年期到青年早期呈下降的趋势（三年级至九年级），此后趋于平稳，然后从 18 岁开始至成年早期不断上升（Marsh，1989）。在整个幼儿园和小学阶段，儿童的身体能力和社交能力的自我知觉较为稳定，而认知能力的自我知觉则出现下降趋势。进一步的研究发现，学前儿童、一年级和二年级儿童同伴关系的自我知觉表现出下降的趋势（Marsh，Craven，& Debus，1991）。哈特的研究也得到了类似的结果，她认为，在 4～7 岁之间，儿童的自我知觉表现出积极的倾向，即认为自己的表现与实际相比要高得多。不仅在社交自我知觉方面，几乎在所有的领域中，儿童均认为自己的能力较强，会做出高于现实的自我评价（Harter，1999）。由此可知，儿童在学龄前对自己的评价得分较高，其自我知觉通常是较为积极的。而随着认知功能的发展及儿童与他人实际交往的深入，儿童能越来越客观地评价自己的能力。从小学一年级开始，儿童的自我知觉评分出现逐渐走低的趋势，他们对自己社交能力、学业能力等方面的评价不像之前那么乐观和积极了，对自己能力的判断与实际更相符（Wigfield et al.，1997）。另一项对三年级至六年级儿童为期三年的追踪研究发现，三年间社交自我知觉有显著的上升趋势，但是，社交自我知觉的增长速度并不存在显著的个体差异，儿童社交自我知觉平均值的高低之间也不存在显著的相关关系（赵冬梅，2007；周宗奎，孙晓军，赵冬梅，等，2015）。社交自我知觉从小学到初中可能有快速增长的趋势。例如，一项为期两年的追踪研究发现，当儿童从小学毕业升入初中后，虽然学业能力方面的自我知觉有显著下降的趋势，但是同期的社交自我知觉却突然显著增加（Lewinsohn，Mischel，Chaplin，et al.，1980）。

综上所述，儿童社交自我知觉的发生和发展经历了模糊阶段、萌芽分化阶段、发展阶段和稳定阶段。模糊阶段出现在幼儿期之前，此时，儿童无法区分自己的各种能力，对自己的评价是单一的、模糊的。随着年龄的增长，到学龄前阶段，儿童的自我的认识趋向精细化，他们的自我开始分化，社交自我知觉开始发展，且此时其社交自我知觉较为积极，高于实际的能力水平。进入小学阶段后，儿童的社交自我知觉开始随着与同伴和他人的交往的深入，逐渐向现实靠拢，社交自我知觉的得分逐渐下降。此后，在童年后期至成年早期，社交自我知觉又开始呈增长的趋势，并逐渐稳定，最终稳定的自我形成。

1.5　社交自我知觉的影响因素

1.5.1　性别

较多研究者在对儿童自我知觉的研究中发现，儿童的自我知觉在总体上不存在显著的性别差异，在发展趋势上也不存在性别差异（Wylie，1979）。进一步的研究发现，儿童自我知觉，尤其是社交自我知觉，存在一定的性别差异（Marsh，1989）。对此，马什等人认为，自我知觉的不同成分可能存在较大的相互抵消的性别差异，导致总体上自我知觉不存在性别差异。例如，在某些成分上男性高于女性，而在另外一些成分上女性高于男性。研究发现，男生在身体能力、身体外貌和数学自我知觉上高于女生。男生和女生在亲子关系上不存在显著的性别差异。女生在学校表现、语言和阅读能力自我知觉上高于男生。男生在情感稳定性、问题解决和自尊上的得分要显著优于女生。而女生在诚实或可信赖、宗教信仰或精神价值上的得分要显著高于男生（Marsh，1989）。

在社交自我知觉维度上性别差异并不一致。研究发现，男生的同性同伴关系自我知觉得分和异性同伴自我知觉在早期（SDQ-Ⅰ）和中期较早的时期（SDQ-Ⅱ的早期）得分要显著高于女生。而女生在 SDQ-Ⅱ期的同性同伴自我知觉得分显著高于男生，且在 SDQ-Ⅲ阶段女生的异性同伴自我知觉要稍稍高于男生的（Marsh，1989）。以学龄前儿童为研究对象的研究也发现，与女生相比，男生在评价自己的身体能力时表现出更多的自信，评分较高。而在评价自己的社会能力方面，女生则表现出更多的自信，评分较高（Marsh，Ellis，& Craven，2002）。

1.5.2 文化背景

施蒂格勒等（Stigler et al. 1985）通过对美国和中国台湾地区小学五年级学生的自我知觉差异的研究发现，美国儿童对自己的认知能力、身体能力和一般价值感的评价要显著高于中国儿童，而中国儿童的社交自我知觉得分显著高于美国儿童。这说明与美国儿童相比，中国儿童自我认知的社交能力得分较高。这一结果可能与中国文化背景有着一定的关联（张仕超，2012）。以集体主义为典型代表的东方文化强调社会关系，中国的传统文化更是如此。在中国这种熟人社会，人与人之间的成功交往是人能够顺利适应社会的重要标志之一。儿童在这种文化氛围中，逐渐认识到与他人交往，尤其是与同伴交往的重要性。他们通过观察学习、父母和老师等权威人物的强化，以及不断加深的同伴交往经验，逐渐习得了良好的社会交往技巧，这些社会交往技巧为他们获得社会资源打下坚实的基础。

受文化背景的影响，不同文化背景下儿童的社交自我知觉与社会适应之间的关系存在较大的差异性。例如，以巴西、加拿大、中国和意大利四国儿童为研究对象的研究发现，社交自我知觉与羞怯及学业成就之间的关系存在显著的文化差异。中国儿童的社交自我知觉与羞怯不相关，但其他三国儿童的社交自我知觉与羞怯存在显著的负相关关系；加拿大和中国儿童的社交自我知觉可以显著正向预测学业成就，而巴西与意大利儿童的社交自我知觉对学业成就不存在显著的预测作用（Chen et al.，2004）。

1.5.3　学业成就

学业成就是指个体在学业领域所获取的知识、技能或所取得的成绩（周宗奎，李萌，赵冬梅，2006）。对学业成就的影响因素，研究者进行了深入探讨，并普遍认为同伴关系中的社会能力对学业成就具有稳定的影响。这种影响主要体现在三种观点上：社会能力影响学业成就（Ladd，1990；王美芳，陈会昌，2000）、学业成就影响社会能力（陈会昌，王秋虎，陈欣银，2001；王永丽，俞国良，2003）和社会能力与学业成就相互影响（Chen，Rubin，& Li，1997；Welsh，Parke，Widaman，et al.，2001）。周宗奎等人（2006）采用追踪研究设计，进一步对上述三种观点进行了检验。结果发现，在控制了前测学业成就的影响后，前测社交自我知觉对后测学业成就不具有显著的预测作用。而在控制了前测社交自我知觉的影响后，前测学业成就可以显著预测后测社交自我知觉。在中国文化背景下，儿童所处的是一种高度重视学业成就的环境，在这种环境中，学业成就影响着每一位儿童在老师和父母心目中的位置及在同伴群体中的声望。因此，学习不良的儿童对自己各个方面的评价都较为消极，而且学习不良学生在社交成功上的预期也比其他儿童更低（雷雳，1997）。这一结果证明了学业成就影响社交自我知觉的观点（陈会昌等，2001；王永丽，俞国良，2003）。

纵观这一领域的大量研究，学业成就影响社交自我知觉的观点并没有得到研究结果的一致支持。虽然研究表明，儿童的能力自我知觉与其学业成就相关显著（Sapp，Farrell，& Durand，1995），且较低的能力自我知觉往往与学业不良或者学习困难相联系（King & Daniel，1996），但是也有研究发现，低学业成就的儿童对自己的能力评价与其他儿童相比较并不存在显著的差异（Alves-Martins，Peixoto，Gouveia-Pereira，et al.，2002），尤其是在社交自我知觉方面，几乎不存在差异（Crozier，Rees，Morris‐Beattie，et al.，1999）。研究者认为可能是因为学业成就低的儿童也有自己的同伴网络，而他们所在的群体忽视学业，所以他们对自己社会能力的评价并不低（雷雳，1997）。也有可能是因为低学业自我成就儿童为了保护自尊，有意高估了自己的社会能力（周宗奎等，2006）。正因为存在这些相互矛盾的结果，我们期待更多的研究来考察学业成就对社交自我知觉的影响，例如，考察学业成就对社交自我知觉影响过程中可能存在的中介变量或调节变量。

1.6 社交自我知觉对情绪适应的影响

1.6.1 社交自我知觉对孤独感的影响

近年来，研究者对儿童孤独感进行的大量研究（Bakkaloglu，2010；纪林芹，陈亮，徐夫真，等，2011）发现，同伴交往与孤独感的关系非常密切。例如，没有亲密朋友的儿童（Pavri & Monda-Amaya，2000）和被拒绝的儿童（Yu，Zhang，& Yan，2005）报告了更高的孤独感。进一步的研究发现，社交自我知觉在同伴交往与孤独感的关系间起着重要的中介作用，表明同伴交往对孤独感的影响有赖于儿童对其社交情景的主观知觉（Hymel，Vaillancourt，McDougall，et al.，2002；孙晓军，周宗奎，范翠英，等，2009）。

孤独与孤立是两个不同的概念，例如，一些人虽然过着与世隔绝的生活，却可以发现隐居的乐趣，而一些人虽然经常与他人交往，却时常体验到孤独（孙晓军，2006）。孤独是对社会关系的一种消极体验（Uruk & Demir，2003），是当一个人的社会关系网络比预期的更小或更不满意时所产生的一种不愉快的情绪体验。在同伴交往中产生的孤独感是导致儿童在同伴群体中体验到不安的重要指标（周宗奎，范翠英，2001）。

许多研究者关注同伴关系对孤独感的影响（Uruk & Demir，2003；孙晓军，周宗奎，2007；万晶晶，周宗奎，2002）。研究发现，在三年级至六年级的儿童中，相比受欢迎的儿童，不受欢迎的儿童（被拒绝和被忽视儿童）报告了更高的孤独感（Asher，Hymel，& Renshaw，1984）。同伴接纳可以显著负向预测孤独感，即为同伴广泛接纳的儿童孤独感水平较低（俞国良，辛自强，2000）。相对这种客观的同伴关系的测量指标，社交自我知觉作为个体的认知，是一种主观的体验。这种主观体验对孤独感同样具有显著影响。对于社交自我知觉对孤独感的影响，研究者们提出了一些理论。例如，认知过程理论（cognitive processes theory）认为儿童对同伴关系的评估是影响其孤独感的重要因素（Terrell-Deutsch，Rotenberg，& Hymel，1999）。社交自我知觉是一种内部的认知评估，它对孤独感具有独特的影响作用。儿童与同伴交往的成功经验可能导致他们积极评价自己的社交能力（Cole，1991a），而这种积极的评价可以减少孤独感体验。许多研究深入探讨了社交自我知觉对孤独感的影响。例如，有研究发现，相比客观的社交地位，主观的社交自我知觉对孤独感更具有预测力。研究者认为，这是因为进入小学阶段后，儿童与同伴交往的机会显著增加，与同伴之间的关系日益重要，在对自己的社交状态进行比较的过程中产生的社交自我知觉直接地影响了他们的孤独感（周宗奎，赵冬梅，陈晶，等，2003）。诸多研究（蔡春凤，周宗奎，2006；赵冬梅，周宗奎，2006；赵冬梅，周宗奎，刘久军，2007；朱婷婷，2006）均表明社交自我知觉对孤独感具有显著的预测作用。例如，孙晓军等人（2009）的研究发现，社交自我知觉对孤独感具有显著的预测作用。相比客观的社会行为和同伴关系测量指标，社交自我知觉对孤独感的预测力最大（孙晓军，周宗奎，2007）。

赵冬梅（2004）对小学儿童的追踪研究发现，社交地位、友谊质量和社交自我知觉均可显著预测孤独感，但社交自我知觉对孤独感的独立解释量最大，其次是友谊质量，最后是社交地位。由此可以见，社交自我知觉对孤独感的影响显著高于其他同伴关系的客观测量指标。此外，动态的变化发展趋势分析结果表明，一年之间，社交自我知觉上升和不变组的儿童一年后报告的孤独感显著降低，而社交自我知觉降低组的儿童一年后报告的孤独感显著增强。孙晓军（2006）的追踪研究也发现，在控制了社交自我知觉的影响后，前测的社会喜好和社会行为均不能显著预测后测的孤独感，但前测社交自我知觉和友谊质量均可以显著预测后测的孤独感，同时，前测的孤独感也能够显著预测后测的友谊质量和孤独感。周宗奎等采用交叉滞后分析对追踪数据分析后发现，社交自我知觉可以显著负向预测一年后的孤独感，而孤独感也可以显著负向预测一年后的社交自我知觉（周宗奎，赵冬梅，孙晓军，等，2006）。这些研究结果表明，社交自我知觉对孤独感的影响效应较大，并且社交自我知觉与孤独感之间的关系可能并不是一种单向的影响，而是双向的相互影响作用。

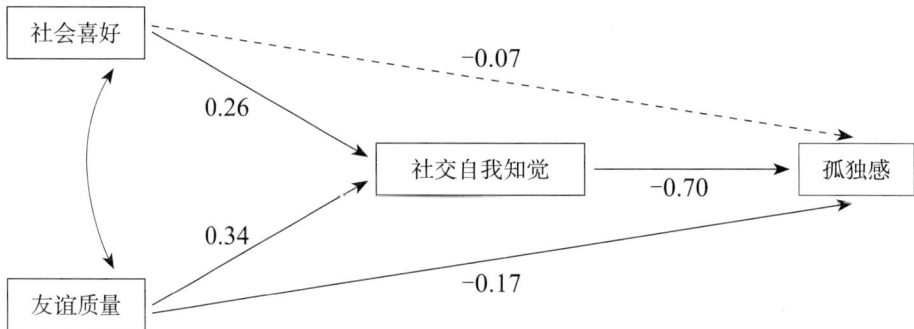

图 1-1　同伴关系、社交自我知觉与孤独感的关系

（引自周宗奎，孙晓军，赵冬梅等《童年中期同伴关系与孤独感的中介变量检验》，2005）

在上述研究的基础上，研究者们试图进一步探索客观的同伴关系指标与主观的社交自我知觉对孤独感的作用机制。周宗奎等（2005）以 571 名小学三年级至六年级的儿童为被试，考察了儿童社会喜好、友谊质量、社交自我知觉与孤独感的关系。结果表明，社交自我知觉在同伴关系对孤独感的影响中存在中介作用。进一步的独立中介效应分析发现，社会喜好、友谊质量均通过社交自我知觉的中介作用对孤独感产生间接影响作用，同时也存在直接的影响。在综合模型（图 1-1）中，社交自我知觉在社会喜好对孤独感的影响中起着完全中介作用，在友谊质量对孤独感的影响中起部分中介作用。在此基础上，孙晓军（2006）以小学三年级至六年级的儿童为研究对象的追踪研究也发现了类似的结果，如研究发现，社会行为通过四组中介路径来影响孤独感，这四组路径分别为：社会行为—社会喜好—社交自我知觉—孤独感、社会行为—友谊质量—社交自我知觉—孤独感、社会行为—友谊质量—孤独感、社会行为—社交自我知觉—孤独感。社会喜好通过社交自我知觉的完全中介作用影响孤独感。友谊质量既通过社交自我知觉的中介作用影响孤独感，同时对孤独感也存在直接作用。社交自我知觉对孤独感的预测力最大。此外，有研究者（Zhang，You，Fan，et al.，2014）综合考察了同伴交往的各个变量对孤独感的影响，结果进一步证明了社交自我知觉在直接、间接同伴关系变量与孤独感的关系中起着重要的中介作用。综合模型拟合结果发现，社交自我知觉在社会喜好和友谊质量对孤独感的影响中起着重要的中介作用。

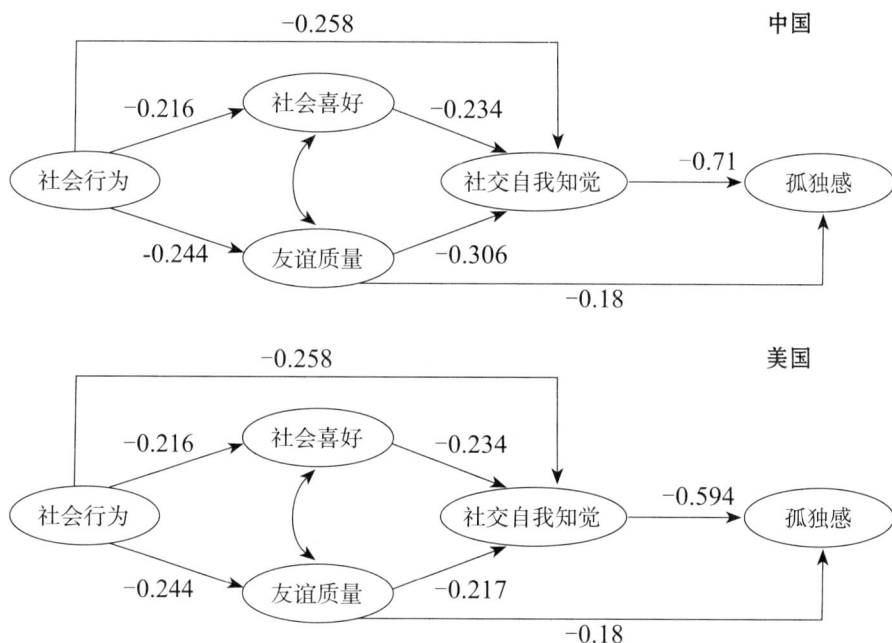

图 1-2　中美文化中的变量模型及其参数估计

（引自孙晓军《儿童社会行为、同伴关系、社交自我知觉与孤独感的关系研究》，2006）

社交自我知觉社会行为对孤独感影响的中介效应得到了较多研究者的认同（如周宗奎等，2015），并且这一模型也存在文化的普适性。例如，以中国和美国儿童为研究对象的研究（孙晓军，2006）发现，在中美两国文化下，儿童社会行为、同伴关系与孤独感的作用模式相同（图 1-2），即社会行为既可以显著预测社会喜好、友谊质量和社交自我知觉，同时也可以通过这三个变量的完全中介作用间接影响孤独感。在这组模型中，社会行为并不能直接影响孤独感，而是间接影响孤独感。此外，社交自我知觉在其中的中介作用最为重要，因为无论是社会行为、社会喜好还是友谊质量，均通过其部分或完全中介作用，影响孤独感。不过，从模型的路径系数可知，在中国文化背景下，社交自我知觉对孤独感的预测力要显著高于美国（中国 -0.71，美国 -0.59）。

综上，无论是认知过程理论，还是大量的实证研究结果，均表明社交自我知觉是儿童孤独感的重要影响因素。社交自我知觉在同伴关系相关变量对孤独感的影响过程中起着重要的中介作用，并且这种中介作用普遍存在于以中国为代表的集体主义文化和以美国为代表的个体主义文化中。这更进一步地表明了，孤独感是一种主观的体验，主要受到个体对自身社交能力的主观评估的影响。

1.6.2 社交自我知觉对抑郁的影响

科尔（Cole，1991b）针对抑郁提出了抑郁认知易感模型，他认为青少年早期抑郁的最重要认知易感风险是个体在多个领域的个人能力低下感，这种个人能力低下感是源于重要他人负性反馈所形成的自我认识，即自我知觉。科尔（Cole，1990，1991b）在实证研究的基础上提出了抑郁的能力模型（competency-based model of depression），该理论模型认为，社交自我知觉是抑郁发展的重要影响因素。根据这一理论观点进行的追踪研究发现，儿童社交自我知觉对抑郁具有显著的负向预测作用。如有研究者（Cole，Jacquez，& Maschman，2001）对小学三年级学生进行了为期四年的追踪研究，研究发现，儿童对自我能力的知觉与后期的抑郁症状程度呈显著的负相关关系。研究也发现，儿童社交自我知觉与儿童应激事件得分和抑郁症之间存在显著的负相关关系（卢永彪，吴文峰，2013）。以临床抑郁组和对照组进行的比较研究也发现，相对普通正常组和其他精神疾病组，抑郁组的个体报告了更低的社交自我知觉（Lewinsohn et al., 1980）。对儿童而言，科尔等人认为，社交自我知觉对抑郁的影响是主效应模式，即社交自我知觉直接影响抑郁，符合抑郁的能力模型假设。而随着儿童的成长，尤其是到成年阶段，社交自我知觉对抑郁的影响将不仅仅局限于主效应模式，通常社交自我知觉也调节负性事件（negative events）对抑郁的影响（Cole & Turner，1993；Seroczynski，Cole，& Maxwell，1997；Tram & Cole，2000）。

1.6.3　社交自我知觉对社交焦虑的影响

许多研究支持了社交自我知觉对社交焦虑具有显著的预测作用，具体表现在，低社交自我知觉通常与高社交焦虑相联系（Chansky & Kendall，1997；Teachman & Allen，2007）。进一步的研究发现，社交自我知觉对社交焦虑和抑郁均有显著的预测作用（Smári & Porsteinsdóttir，2001）。此外，社交自我知觉对其他一些消极情绪或情绪障碍具有显著的预测作用。例如，研究发现，儿童社交自我知觉对焦虑障碍具有重要的影响作用。具有焦虑障碍的儿童报告了较低水平的社交自我知觉和较高水平的社交焦虑。同时，这类儿童更不受陌生同伴的喜爱，更容易被陌生同伴拒绝（Chansky & Kendall，1997）。

1.7　社交自我知觉与同伴关系的关系

同伴关系是指同龄人或者心理发展水平相当的个体在交往过程中建立和发展起来的一种人际关系，这种人际关系是平行、平等的，不同于个体与家长或者年长个体之间的垂直交往关系（周宗奎等，2015）。同伴关系对儿童个性和社会化发展有不可替代的作用，良好的同伴关系有助于儿童更好、更快地适应环境。同伴关系与社交自我知觉之间的关系受到很多发展心理学家的关注，他们为之开展了一系列研究工作。不同的研究者从不同的视角出发，要么考察同伴关系对社交自我知觉的影响，要么考察社交自我知觉对同伴关系的影响。无论出发点是什么，人们普遍认可社交自我知觉与同伴关系之间有着稳定和密切的联系。同伴关系与儿童的社交自我知觉的关系体现在受同伴欢迎的儿童往往对自己的社交能力有着更为积极的评价，而受到同伴拒绝的儿童却因为有着不同的行为模式，对自己的社交能力评价相对消极。反之，一个对自己社交能力有着积极评价的儿童，也更容易受到同伴的接纳。

1.7.1 同伴关系对社交自我知觉的影响

研究表明，在4～5岁时，儿童就开始意识到了自己与同伴之间的区别，他们能够使用社会比较的方法，通过比较外在刺激与反馈的信息，认识到自己与他人在各种不同能力上的差异。随着同伴交往的深入和认知能力的发展，儿童通过同伴的反馈信息不断调整自我认识。他们也通过观察学习，模仿受到同伴、父母和老师欢迎的一些行为。因此，同伴交往在一定程度上不断完善着儿童对自我的认识，从而影响着儿童对自己能力的觉知。

同伴交往对儿童社交自我知觉的影响受到许多研究者的重视，他们进行了大量实证研究。研究发现，反映同伴交往群体水平指标的同伴接纳对社交自我知觉具有显著的预测作用。例如，研究表明，自我知觉较低的5岁儿童往往容易被老师评定为同伴接纳和社会适应较差的孩子（Verschueren & Marcoen，1999）。进一步的追踪研究发现，这些孩子到了8岁时，他们自己仍然感到难以被同伴接纳，且自我知觉变得更差（Verschueren，Buyck，& Marcoen，2001）。由此可见，同伴接纳是影响儿童社交自我知觉的一个重要因素。这一结论也得到一些研究结果的支持，例如，研究表明，4岁时儿童的同伴接纳可以显著影响7岁时儿童的自我知觉，这种影响作用尤其体现在女孩身上（Nelson，Rubin，& Fox，2005）。研究也发现，初始的互选友谊数量和同伴评定得分能够显著正向预测社交自我知觉的总体均值（赵冬梅，2007）。受欢迎的儿童对自己的社交自我知觉有着积极的评价（Boivin & Begin，1989）。同伴接纳对社交自我知觉的影响机制可能是：因为儿童把不被同伴接纳解释为一种同伴交往过程中的他人消极反馈，所以他们调整（降低）了自我知觉水平。

社会行为对社交自我知觉也具有一定的影响。现有的研究发现社交退缩、攻击行为对社交自我知觉具有稳定的影响作用。一项对8～10岁儿童进行的问卷调查发现，社交退缩行为对社交自我知觉具有显著的预测作用（Boivin & Hymel，1997）。研究发现，童年中期社交退缩儿童的社交自我知觉较低

（Hymel，Bowker，& Woody，1993）。一项三年追踪研究发现，初始的安静退缩能够显著预测社交自我知觉的总体均值（赵冬梅，2007）。另一项追踪研究也发现了类似的结果，研究发现，4 岁时的社交退缩行为可以显著预测 7 岁时的自我知觉，这种预测作用主要针对男生。不过，社交退缩行为对自我知觉的影响还受到了退缩类型和退缩出现年龄的调节。社交退缩儿童知觉到较低的社交能力，可能与他们经常受到同伴拒绝有一定的关系。因为儿童（4~7 岁）的同伴拒绝可以显著负向影响他们的社交自我知觉（Nelson et al. 2005）。

攻击行为对社交自我知觉的影响作用得到许多研究的证实，但对攻击行为的影响效应是积极还是消极尚存争议。研究发现，攻击行为对社交自我知觉具有显著的预测作用（Boivin & Hymel，1997），具有攻击倾向的儿童倾向于积极评价自己的社交能力（Hymel et al.，1993）。追踪研究发现，初始外部攻击能够显著负向预测社交自我知觉的总体均值，而初始的关系攻击则可以显著正向预测社交自我知觉的总体均值（赵冬梅，2007）。虽然有研究者考察了攻击行为对社交自我知觉的影响，并提出攻击行为对社交自我知觉具有显著的负向影响作用。但是也有研究得出了不同的结论。例如，研究发现（Boivin & Begin，1989），攻击 - 被拒绝儿童虽然对自己的运动行为能力的表现有着消极的评价，但是对自己的社交能力的评价却与其他儿童无异。还有结果发现，攻击 - 被拒绝和退缩 - 被拒绝儿童的社交自我知觉得分要高于其他儿童。他们认为（Hymel et al.，1993），尽管攻击性 - 被拒绝儿童的社交能力水平比正常儿童低，但是他们并没有完全被排除在同伴交往活动之外。由于儿童的自我知觉主要基于自己对他人一些行为的主观解释，攻击性 - 被拒绝儿童虽然具有一些社交技能缺陷，但是同伴交往活动中的某些积极反馈对他们的影响要比对普通儿童的影响更大，从而使得他们对自己的能力有着更积极的感知（王娟，2006）。综上可知，攻击行为对社交自我知觉的影响尚需进一步的研究，进一步的研究可能需要从两个方面入手：一方面，攻击行为可以划分为多种类型，不同类型的攻击行为对社交自我知觉的影响可能不一样。正如赵冬梅（2007）的研究发现，外部攻击对社交自我知觉的影响是负向的，而关系攻击对社交自我知觉的影响是正向的。如果不区分攻击行为的亚类，就可能混合不同效应，最后导致效应不显著，或者相反的效应。由此可见，考察攻击行为亚类对社交自我知觉的影响是研究的方向。另一方面，攻击行为对社交自我知觉的影响可能受到一些调节变量的影响，从理论视角和实践视角出发进一步探索和发掘重要的调节变量也是今后的研究方向。

当然，其他一些社会行为对社交自我知觉也具有显著的影响作用。研究普遍认为，不良的社会行为将会导致更低的社交自我知觉。如研究发现，相对其他儿童，受欺负儿童的社交自我知觉较低（Boulton & Smith，1994）。但是，受忽视与一般儿童之间的社交自我知觉不存在显著的差异（Boivin & Begin，1989）。

综上可知，社交自我知觉作为儿童对自己社交能力的主观判断，受到儿童同伴交往经验的影响，良好的同伴交往经历将会提升儿童对自己社交能力的评价，反之，不良的同伴交往经历令儿童调整自己的评价，降低对自身社交能力的评价。因此，在同伴群体中的同伴接纳、受欢迎程度，以及同伴交往互动过程中的社会行为均可以反映儿童的社交能力，而儿童则通过同伴交往中他人的信息反馈来获得评价自己能力的线索，并据此调整对自己能力的评价。

1.7.2 社交自我知觉对同伴关系的影响

虽然有研究者倾向于把同伴关系看成是影响社交自我知觉的前因变量，但是也有研究发现，同伴交往对社交自我知觉的影响并不是单向的，社交自我知觉也对同伴关系有着重要的影响作用。许多研究者深入研究了社交自我知觉对同伴交往的影响，这些研究结果普遍支持社交自我知觉对同伴交往具有稳定的影响作用。这些研究发现，如果儿童的社交自我知觉较低，那么他们就会认为自己与他人的交往存在困难，被较少的同伴喜爱，从而可能在社交过程中采取退缩的策略。他们可能为了获得更多的同伴而采用相对笨拙的社交技巧，从而导致失败的结果。上述两种方式，无论哪一种，都会给低社交自我知觉儿童带来消极的社交经验（Boivin & Begin，1989；Caldwell，Rudolph，Troop-Gordon，et al.，2004；Cassidy，Kirsh，Scolton，et al.，1996；

Cillessen & Bellmore，1999；Patterson，Kupersmidt，& Griesler，1990；Rubin & Mills，1988）。与之相反，如果儿童的社交自我知觉较高，他们会认为自己具有良好的社交能力，对寻找到更多的友谊有着更坚实的信心，能在同伴群体中有更好的表现，能从容自然地介绍自己，从而受到更多同伴的喜爱，结交到更多的朋友（Nelson & Crick，1999）。

实证研究发现，社交退缩的儿童普遍表现出较低的社交自我知觉（Boivin & Hymel，1997；Rubin & Burgess，2001；Zimmer-Gembeck，Hunter，& Pronk，2007）。对此，研究者们普遍认为，在小学阶段，社交自我知觉与社交退缩之间可能是一种相互影响的关系（Hymel，Rubin，Rowden，et al.，1990；Rubin，Coplan，&Bowker，2009）。鲁宾等人（Rubin，Coplan，& Bowker，2009）在整合前人研究的基础上提出了社交退缩转换模型，该模型认为消极社会情绪（socioemotional）和社会认知功能（social-cognitive functioning）与社交退缩之间存在一个自我增强的循环（self-reinforcing cycle）。这一模型得到一些研究的支持，例如，研究者们认为社交退缩源于一些内在的因素，如焦虑、消极自尊及自我知觉到的社交技能等（Rubin & Asendorpf，1993）。

同时，鲁宾等人也认为童年期的社交退缩可能是消极自我、孤独感、同伴拒绝、欺负、焦虑和抑郁发展的催化剂。在追踪研究项目中，鲁宾等人（Hymel et al.，1990，Rubin，Hymel，& Mills，1989）的研究发现，7岁时的社交退缩可以显著预测9岁、10岁时消极的自我和14岁时的消极自我（Rubin et al.，1995）。而另外一项纵向追踪研究发现，早期的儿童社交自我知觉可以显著预测后期的社交退缩（McElhaney，Antonishak，& Allen，2008）。社交自我知觉对儿童社交退缩行为的影响得到较多研究的证实，例如，一项追踪研究发现，儿童社交自我知觉可以显著预测攻击、敌意行为和社交退缩（McElhaney et al.，2008）。研究者认为，社交自我知觉对社会行为的影响可能是这样的：儿童如果认为自己具有较好的社交能力，那么他就可能认为自己容易得到同伴的接纳，即使实际上他们并不是那么受欢迎。如果他们认为自己是被同伴接纳的，他们便会逐渐减少敌意并越来越渴望陪伴（McElhaney et al.，2008）。另一种可能的是，那些不受同伴欢迎的儿童可能在学校之外表现出了良好的社交能力，获得了积极的社交体验，因此他们会保持较高水平的自信（McElhaney et al.，2008）。研究还发现，具有较高社交自我知觉和实际上也受同伴接纳的儿童较少从他们的好朋友那里寻求建议。相反，具有较低社交自我知觉和较不受欢迎的儿童会更多地从他们朋友那里寻求建议。研究发现，儿童的社交自我知觉显著影响同伴接纳和同伴拒绝，进一步的分析发现，童年中期的儿童对同伴关系持乐观态度，这不仅对其同伴接纳和同伴拒绝具有显著的影响作用，还通过社交自我知觉的中介作用，间接影响同伴接纳和同伴拒绝（明月，2014）。

总之，社交自我知觉与同伴交往变量之间的关系可能是一种相互影响的关系。儿童通过同伴交往中的各种交往活动展现自己的各种社交能力，同时，他也不断监控着自己的表现，通过内省和外在环境的信息反馈不断调整着对自己能力的评价。而在后续的交往中，儿童则依据调整后的自我能力评价，表现出更恰当的交往行为，从而促进其适应与同伴的交往。

1.8 总结与展望

自我的形成与发展一直是发展心理学家们特别关注的领域。几十年以来，人们对儿童自我发展的重要部分——能力自我知觉，进行了深入的探讨，取得了丰硕的成果。儿童对人际交往（尤其是同伴交往）能力的自我知觉，与他们的其他能力自我知觉一样，受到许多研究者的关注。研究者们在大量实证研究的基础上开发、完善了测量工具，形成了成熟的理论。他们考察了社交自我知觉的发展、社交自我知觉的影响因素、社交自我知觉对情绪适应的影响，深入探讨了社交自我知觉与同伴关系之间的相互影响作用。这些研究成果有利于人们了解孩子是在什么时候开始认识自己的，他们又是如何知道自己是受同伴喜爱的，为什么有些孩子能够在与他人交往过程中表现得更为自信，等等。同时，这些研究成果也有利于父母和老师了解影响儿童人际交往和社会适应的各种因素。然而，以往的研究还存在一些需进一步探索的问题。

1.8.1 需深入探索儿童社交自我知觉的发展变化特点

对社交自我知觉的发展变化特点，研究者们的意见并不一致。有研究者们认为，童年期儿童的社交自我知觉发展较为稳定，从幼年期到青年早期处于下降的趋势（二年级至九年级），此后趋于平稳，然后从 18 岁开始不断上升，至成年早期后稳定下来（Marsh，1989）。自小学一年级开始，儿童的自我知觉评分逐渐走低，他们对自己社交能力、学业能力等方面的评价不像之前那么乐观和积极了，对自己能力的判断与实际更相符（Wigfield et al.，1997）。然而，也有一项为期三年的追踪研究发现，从小学三四年级到五六年级，三年间社交自我知觉有显著的上升趋势，但是，社交自我知觉的增长速度并不存在显著的个体差异，儿童社交自我知觉平均值的高低之间也不存在显著的相关关系（赵冬梅，2007；周宗奎等，2015）。儿童社交自我知觉在小学阶段是增长的，还是下降的呢？这种不一致的研究结果是否是不同文化背景因素而导致的？这些问题有待研究者们进一步探讨。

1.8.2 需深入研究社交自我知觉的准确性与偏差

有研究者认为，儿童最初的社交自我知觉是非现实的，倾向于积极的评价的。例如，在 4～7 岁之间，儿童的自我知觉表现出积极的倾向，即认为自己的表现与实际相比要高得多。不仅在社交自我知觉方面，几乎在所有的领域中，儿童均认为自己的能力较强，倾向于做出高于现实的自我评价（Harter，1999）。由此可知，儿童在学龄前的自我知觉通常较为积极。随着认知功能的发展以及儿童与他人实际交往的深入，他们能越来越客观地评价自己的能力。从小学一年级开始，儿童的自我知觉评分开始有逐渐走低的趋势，对自己的社交能力、学业能力等方面的评价不像之前那么乐观和积极了，他们对自己能力的判断与实际更相符（Wigfield et al.，1997）。其他一些研究也支持了这一观点，例如在童年早期（3～4 岁），儿童自我知觉则开始分化，变得更为精细和复杂，结构与维度日趋具体化（分化出诸如社交能力、数学能力、语文能力等能力），他们对自己能力的评估也越来越趋于现实（French & Mantzicopoulos，2007；Harter，1999；Mantzicopoulos et al.，2004；Marsh，1991；Wigfield et al.，1997；王娟，2006）。这些研究结果表明，儿童对自我社交能力的评估经历了从积极偏差到更为精准的、基于现实的过程。儿童社交自我知觉与现实之间的差异反映了自我知觉的准确性与偏差，这种准确性与偏差在青少年时期的发展变化特点有待我们深入研究。

1.8.3 需进一步探讨社交自我知觉的性别差异

社交自我知觉在童年期存在显著的性别差异，这一结论得到人们的普遍认可。如以学龄前儿童为研究对象的研究发现，与女生相比较，男生在评价自己的身体能力时表现出更多的自信，评分较高。而在评价自己的社会能力方面，则女生表现更多的自信，评分较高（Marsh et al.，2002）。但是，这种性别差异并不是恒定不变的。研究发现，男生的同伴关系自我知觉得分（peer scores）和异性同伴自我知觉（opposite sex scores）在早期（SDQ-Ⅰ）和随后的阶段（SDQ-Ⅱ的早期）得分要显著高于女生。而女生在 SDQ-Ⅱ 期的同性同伴自我知觉得分（same sex scores）显著高于男生，且在 SDQ-Ⅲ 阶段女生的异性同伴自我知觉（opposite sex scores）稍稍高于男生（Marsh，1989）。而以中国小学儿童为研究对象的追踪研究发现，儿童社交自我知觉的发展变化并不存在显著的性别差异（赵冬梅，2007；周宗奎等，2015）。在童年期女生的社交自我知觉是否稳定高于男生？女生的社交自我知觉与男生的社交自我知觉的发展变化速率是否一致？这些疑问需更多的研究来解答。

1.8.4 同伴交往与社交自我知觉的相互影响关系需更多追踪研究的证实

目前有关社交自我知觉与同伴关系变量之间的关系尚存争议。同伴关系与社交自我知觉的关系研究也有待更多的研究进一步揭示其内部机制。例如，有的研究发现同伴交往变量（如同伴接纳、友谊质量等）可以显著影响社交自我知觉，但是也有研究发现，社交自我知觉对这些变量有显著的预测作用。同伴交往变量与社交自我知觉的关系可能是一种相互影响的机制。以往的大部分研究主要采用横断研究设计，缺少纵向追踪设计研究，未能从时间变化的视角考察两个变量之间的动态关系。

1.8.5　社交自我知觉对行为适应变量的影响分析不够深入

对社交自我知觉与社会行为的关系，研究者们的意见并不一致，例如，虽然攻击行为对社交自我知觉的影响得到许多研究结果的证实，但攻击行为的影响效应是积极影响还是消极影响尚存争议。研究发现，攻击行为对社交自我知觉具有显著的预测作用（Boivin & Hymel，1997），具有攻击倾向的儿童倾向于积极评价自己的社交能力（Hymel et al.，1993）。追踪研究发现，初始的外部攻击能够显著负向预测社交自我知觉的总体均值，而初始的关系攻击则可以显著正向预测社交自我知觉的总体均值（赵冬梅，2007）。但是也有研究得出了不同的研究结论，例如，研究发现（Boivin & Begin，1989），攻击－被拒绝儿童虽然对自己的运动行为能力的表现有着消极的评价，但是对自己的社交能力的评价却与其他儿童无异。还有结果发现，攻击－被拒绝和攻击－退缩被拒绝儿童的社交自我知觉得分要高于其他儿童。因此，我们认为，如果不区别攻击行为亚类，可能混合不同效应，最终导致效应不显著，或者是出现相反的效应。这说明，考察攻击行为亚类对社交自我知觉的影响是进一步研究的方向。另一方面，攻击行为对社交自我知觉的影响可能受到一些调节变量的影响，从理论视角和实践视角出发，探索和发掘重要的调节变量也是今后的研究方向。

1.8.6　尚未深入探讨社交自我知觉与情绪适应变量之间的关系

研究者们特别关注社交自我知觉对情绪适应的影响，大量研究揭示了社交自我知觉在同伴交往变量对孤独感影响过程中的中介效应（Zhang et al.，2014；孙晓军，2006；孙晓军等，2009；周宗奎等，2005）。这些研究极大地丰富了这一领域的研究成果。但是，这些研究多集中在对孤独感的影响机制的探讨上，对于其他积极情绪与消极情绪（如抑郁、乐观、社交焦虑）的影响有待更多的研究深入探讨。

\ 第二章 \ 自我知觉准确性与偏差及其对社会适应的影响

人们普遍认为他人对"我"的评价是有偏差的，只有自己才是最了解"我"的人。在人格和社会心理学领域，研究者们非常关注个人知觉（personal perception）中的自我知觉与他人知觉之间的关系（Kenny & West，2010）。从 20 世纪 50 年代开始，为更好地了解自我知觉与他人知觉之间的关系，探索自我知觉准确性与偏差和社会适应之间的关系，研究者们提出了许多理论，也设计了许多研究。研究发现，在大多数情况下人们的自我知觉并不如想象的那么准确，存在着知觉偏差（perception bias），例如人们通常会表现出不现实的积极看法，高估自己的真实能力（李凌，2004）。

我们该如何理解自我知觉的准确性与偏差？自我知觉与他人知觉哪个更准确？是准确的自我知觉有利于社会适应，还是积极自我知觉偏差有利于社会适应？本章基于国内外有关自我知觉准确性与偏差的相关研究，对上述问题进行总结和归纳，以期为自我知觉准确性与偏差的研究提供思路。

2.1 自我知觉准确性与偏差

2.1.1　自我知觉准确性与偏差的内涵

自我知觉能够反映出许多一般性的和特殊性的个人属性，如身体特征、行为倾向性和能力（Jussim，2005）。一般认为自我知觉大部分依据对个人与他人交往的解释、来自他人的直接反馈和社会比较（孙炯雯，郑全全，2004）。社会心理学的研究结果表明，在涉及行为和个人属性的各个方面，人们通常认为自己比别人表现得更好（Alicke & Govorun，2005；Alicke & Sedikides，2009），从而形成对自己不现实的积极看法。但也有研究者认为，在大多数情况下人们对自己的评价都是比较准确的，只是在建立、保护自尊与幸福感的时候才会有一点偏差（Preuss & Alicke，2009）。

自我知觉偏差是指个体自我知觉与标准变量之间的差异。Jussim（2005）将个体和他人（如父母、老师和同伴等）对自身特殊属性评价之间的一致性定义为自我知觉准确性（self-perception accuracy）。如果自我的知觉高于他人的知觉，则为积极自我知觉偏差（positive self-perception bias），也有研究者（Owens，Goldfine，Evangelista，et al.，2007）将其定义为积极错觉偏差（positive illusory bias）或者是乐观自我知觉（optimistic self-perception）（Bouffard，Markovits，Vezeau，et al.，1998）。自我的知觉低于他人的知觉，则被定义为消极自我知觉偏差（negative self-perception bias）。

近年来研究者们将准确性与偏差视为一个综合体，认为它们是可以共存的（Luo & Snider，2009），并且认为准确性与偏差还可能对个体的社会适应产生不同的影响，两者属于个体动机、目标和情景的不同方面。如准确性与由信息驱动的人际关系判断密切相关，偏差则在与尊重和自尊相关的判断中具有举足轻重的作用（Gagné& Lydon，2004）。Kunda（1990）和其他研究者

（Kruglanski，1989）对自我知觉准确性与偏差的关系观点一致，他们认为准确性与偏差存在三种可能的关系：积极相关、消极相关和没有任何关系。这三种关系的存在基于三种不同的心理机制（West & Kenny，2011），也与准确性和偏差的不同偏向有关系（见图2-1）。

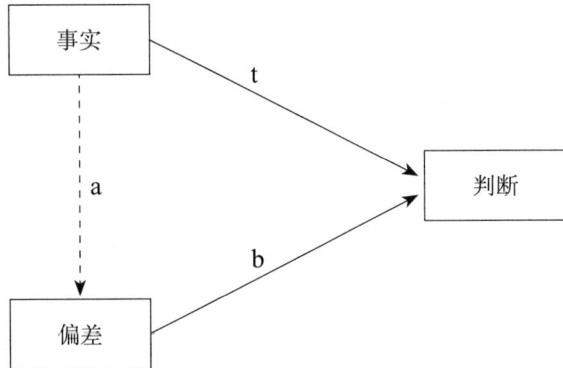

图 2-1　知觉准确性和知觉偏差与知觉判断之间的关系
（引自韦斯特和肯尼的 The truth and bias model of judgement，2011）

2.1.2　自我知觉准确性与偏差的发展

研究者们对自我知觉的发展，特别是儿童自我知觉准确性的一般发展规律表现出了极大的兴趣，他们同时也对高风险儿童（如情感障碍和行为障碍的儿童）进行了大量的研究（Salley，Vannatta，Gerhardt，et al.，2010）。研究发现，积极自我知觉偏差在年纪较小的儿童群体中非常普遍，并且被认为是普遍的发展现象（Bouffard et al.，1998；Harter，1993）。这种最初的非现实性的乐观是因为他们的认知能力还没有成熟，不能够批判性地评估自己的真实能力，例如年纪较小的儿童倾向于做出与他们的愿望相一致的判断（Ruble，Grosovsky，Frey，et al.，1992），成年人为了鼓励年纪较小的儿童，经常给予相对积极的反馈（Flammer，1997）。此外，儿童因为倾向于将成就与能力画等号，因此当非常努力地完成任务时，他们会觉得自己是非常聪明的，并且倾向于积极评价自己的能力（Nicholls，1978，1979）。

随着年龄的增长，他们能够逐渐理解和区分能力、成就和表现这三个概念（Nicholls，1978，1979；Surber，1980），并获得了根据一定的标准评价任务难度的能力（Nicholls & Miller，1984）。他们也开始通过社会比较来整合过去的成功与失败经验，从而使得自己能够更准确地评价自己的能力（Bouffard et al.，1998；Ruble，1983；Stipek &Iver，1989）。此外，复杂信息加工能力的发展也极大地提高了儿童自我知觉的准确性。在童年早期（5~8 岁），儿童通常高估自己的实际能力。然而，从童年中期到童年后期，儿童开始综合考虑（incorporate）与自我有关的积极信息和消极信息（Jacobs，Bleeker，& Constantino，2003）。例如，儿童开始采用社会比较技能，通过与同伴行为和能力比较来评价自己在这些方面的表现。随着在这些领域的发展，儿童逐渐能更准确评价自己，并把自己和他人区分开（Cole et al.，2001；Salley et al.，2010）。虽然儿童自我知觉准确性具有增长的趋势，但是在过度积极自我知觉的倾向性上，仍然存在个体差异（换句话说，并不是所有的儿童都具有越来越准确的自我知觉）。例如，研究发现，儿童同伴接纳的自我知觉具有相当大的差异，从相对现实到极度高估的情况都存在（Hymel et al.，1993；Patterson et al.，1990）。

$\mathcal{2.2}$ 自我知觉与他人知觉

人们通常认为，如果想了解一个人，最好的办法就是去问他自己。也就是说，人们认为自己最了解自己。研究发现，绝大多数人认为他们对自己的认识要比别人对自己的认识更准确（Pronin，Kruger，Savtisky，& Ross，2001）。大多数研究者通常也这样认为。如有研究指出，大约有 70% 的研究采用自我报告的方法（Vazire，2006），这表明这些研究者均假定在评价一个人的时候自我知觉是最准确的。然而，有研究发现自我知觉存在偏差（Bargh & Williams，2006；Epley & Dunning，2006；Pronin & Kugler，2007）。在某些方面，他人比我们更了解我们自己（John & Robins，1994；Vazire & Mehl，2008），例如，史密斯等人（Smith et al.，2007）的研究结果表明，他人对客观生命特征（如冠状动脉硬化）知觉的准确性显著高于自我知觉的准确性。有研究发现，他人对个体人格特质的评定与标准行为之间的关系显著高于自我知觉（Kolar，Funder，& Colvin，1996）。这些结果说明个人的智慧可能并不那么可靠。

他人知觉是指别人对个体属性的评价，而自我知觉则指个体对自己属性的评价。自我知觉与他人知觉的理论模型（Funder，1999；Kenny，2004）为评价自我知觉和他人知觉哪个更准确提供了非常重要的概念模型（conceptual frameworks）。一些研究者对自我知觉与他人知觉准确性进行了探讨（Paulhus & John，1998），自我知觉与他人知觉准确性的比较在许多综述中可以见到（Lucas & Baird，2006；Paulhus & Vazire，2007）。这些研究普遍认为自我知觉和他人知觉都具有准确性和偏差性。此后的实证研究也证明了这一点，如研究发现，与许多研究者和大众的观点相反，虽然在很多方面人们的自我知觉是很准确的，但是自己并不总是比他人更了解自己，而他人经常能够在一些方面比我们更了解自己。对人们的很多行为，他人提供的评价比自己的评价更准确（Vazire & Mehl，2008）。同理，在人格特质方面，虽然同伴知觉具有较好的准确性，但是自我知觉具有独特的准确性，不能被替代（Paunonen & O'Neill，2010）。

在什么时候自我知觉和他人知觉的准确性较高呢？研究表明，当渴望建立和维持积极自我概念（Sedikides & Gregg，2008；Taylor & Brown，1988）、渴望证实自己已有的自我观点（Swann & Read，1981）和渴望提高自我（Sedikides & Strube，1997）的时候，人们的自我知觉是有偏差的。而在比较自我知觉与他人知觉准确性的研究中，研究者们发现，在基于实验室的变量上，两者准确性相同或他人知觉准确性更强（Kolar et al.，1996；Levesque & Kenny，1993）。例如，John 和 Robins（1994）的研究发现，在基于实验室的小组管理任务中，被试对自己表现的评价与心理学家评价的相关（$r = 0.58$）显著低于被试对同伴的评定与心理学家评定的相关（$r = 0.84$）。但是在真实生活中的日常行为上，自我知觉比他人知觉更准确（Shrauger，Ram，Greninger，et al.，1996）。例如，有研究者（Spain，Eaton，& Funder，2000）比较了自我与他人评定的人格特质与当前的自评情绪之间的关系。结果表明，相对同伴评定，自评的外向性与神经质对自评的积极和消极情感的预测力更高。

　　自我知觉与他人知觉的准确性也与个体的社会地位关系密切。Snodgrass（1985，1992）的研究表明，下属对老板如何看待他们的判断的准确性高于老板对下属如何看待他们的判断的准确性。但是老板对下属如何看待自己的判断的准确性高于下属对老板如何看待自己的判断的准确性。然而当控制了刻板印象的影响后，下属对老板的知觉准确性均显著高于老板对下属的知觉准确性（Kenny，Snook，Boucher，et al.，2010）。这种现象显示出了社会地位对个体知觉的影响作用，即社会地位低的个体比社会地位高的个体有较好的知觉准确性。这可能是因为在社会团体关系中下属需要了解老板的想法、情感和反应，才能有效响应老板的需求，投其所好，得到老板的赏识（Snodgrass，1985）。

$\mathcal{2}.\mathcal{3}$　自我知觉准确性、偏差与社会适应的关系

2.3.1　自我知觉与自尊的关系

　　自我知觉与自尊的关系非常的密切，一般认为自我知觉是建立在社会比较的基础上形成的自我认识，因此自我知觉是形成与维持自尊的基础。自尊和自我知觉中的自我服务与自我贬低倾向、非现实的积极与消极自我知觉、过度自信与过度自卑等知觉偏差存在显著的相关（Oreg & Bayazit，2009）。在以往大部分的自我知觉偏差研究中都探讨了自尊与自我知觉偏差的关系，有研究表明，自尊与自我知觉偏差具有显著的正相关关系，即积极自我知觉偏差有助于提升个体的自尊水平（Kobayashi & Brown，2003；Paulhus，Harms，Bruce，et al.，2003）。

　　对一些儿童而言，由于早期普遍存在非现实的积极自我知觉，因此自尊水平较高。随着自我知觉变得更现实，他们的自尊经常会有下降的趋势（Burnett，

1996）。例如，研究发现在三年级到七年级间，自尊的下降往往与一些领域的自我知觉（身体表现、身体能力、亲子关系和学业能力）的降低密切相关。另一个研究也发现，在从小学到初中的发展过程中，个体的自尊也有下降的趋势（Marsh，1989）。在这期间，自尊的下降很可能是由于对学业能力的更高要求、社会网络的变化和更准确的自我知觉所导致（Cantin & Boivin，2004）。但是，到了青年中期，自尊表现出恢复趋势，这与自我知觉开始变得更稳定有关系（Jacobs et al.，2003；Marsh，1989）。

2.3.2 自我知觉偏差与行为适应的关系

2.3.2.1 自我知觉偏差与注意力缺陷障碍

注意力缺陷障碍的个体倾向于高估自己的社会能力的观点得到较多的文献和研究结果的支持，如研究发现注意力缺陷障碍儿童的自我知觉经常与父母和老师的评定有较高的不一致性（Hoza et al.，2004；Hoza，Pelham，Dobbs，et al.，2002；Vazire & Mehl，2008）。欧文斯等人（Owens，et al.，2007）的研究结果表明，高水平注意力缺陷障碍个体表现出积极知觉偏差。研究者（Jiang & Johnston，2011）对女性研究的结果也发现，那些被他人认为注意力缺陷障碍水平较高的女性，倾向于高估自己的实际社会能力（与他人的评价相比），表现出积极的自我知觉偏差。此外，研究者（Knouse，Bagwell，Barkley et al.，2005）对有违规驾驶经历的司机进行的研究发现，所有的司机对自己驾驶技术能力的知觉均高于平均水平，而有注意力缺陷障碍症状的司机对自己驾驶技术的评价高于一般的司机。对于这种现象，他们认为可能有三种原因（Knouse et al.，2005）：第一，注意力缺陷障碍司机较少意识到他们驾驶技术的缺陷及因其导致的不良后果；第二，注意力缺陷障碍司机缺乏相关的知识，并且可能对良好驾驶标准评定过低；第三，注意力缺陷障碍个体普遍存在元认知缺陷。不过值得注意的是，虽然大部分的注意力缺陷障碍个体都有积极自我知觉偏差的倾向，但是由于个体差异的存在，并不是所有的注意力缺陷障碍个体都表现出积极的自我知觉偏差（McQuade et al.，2011；Scholtens，Diamantopoulou，Tillman，et al.，2011）。

目前，在注意力缺陷障碍个体的大部分社会适应领域中都发现了积极自我知觉偏差的存在。这种积极的自我知觉偏差会导致一些负面的结果（Hoza et al.，2004），例如会引起和保持不良的社会接纳（Hoza & Pelham，1995）。此外，持有积极自我知觉偏差的注意力缺陷障碍个体更容易出现社会适应不良，如产生不良行为（Kaiser，Hoza，Pelham Jr，et al.，2008）及持续增加攻击性行为（Hoza et al.，2010）。积极自我知觉偏差也与认知问题和破坏性行为存在显著的相关关系（Scholtens et al.，2011）。因此，虽然早期的研究者将注意力缺陷障碍个体表现出积极的自我知觉偏差归因为自我保护的心理机制（Evangelista，Owens，Golden，et al.，2008；Hoza，et al.，2010），但是注意力缺陷障碍个体本身存在的认知缺陷也是原因之一（McQuade et al.，2011）。因此积极自我知觉偏差与注意力缺陷障碍个体的不良社会适应之间可能存在交互影响。

在注意力缺陷障碍个体对其症状的个体知觉与他人知觉的关系上，研究者们存在争论。例如，研究者（Magnusson et al.，2006；Kooij et al.，2005）对青少年和成年人群体进行了研究，他们发现自我报告的注意力缺陷障碍症状与面谈诊断之间的相关显著高于他人报告。当将有学业问题大学生的自我报告注意力缺陷障碍症状、他人报告注意力缺陷障碍症状分别与面谈诊断进行相关分析的时候，它们之间不存在显著差异（Zucker，Morris，Ingram，et al.，2002）。研究者对有注意力缺陷障碍儿童的母亲的面谈诊断与儿童自我报告的注意力缺陷障碍症状之间存在较高水平的相关，而研究者对其他人的面谈诊断与儿童的自我报告之间的相关要小得多（Belendiuk，Clarke，Chronis，et al.，2007）。这些结果说明，注意力缺陷障碍症状个体的自我知觉与他人知觉是否一致可能与个体自身的状态、他人是否与个体关系密切有关系，例如，熟悉的他人报告的注意力缺陷障碍症状可能与自我报告具有较高的一致性。

2.3.2.2　自我知觉偏差与攻击行为、被拒绝行为的关系

早期的研究者认为低自尊的个体会表现出更多的攻击性，一些研究者和临床医生认为，通过提高个体的自我知觉，可以降低攻击性水平（Cairns &

Cairns，1988）。但是有研究者（Baumeister，1996）在综合考察了以往的攻击性研究后，提出了与传统观点相反的观点：存在积极自我知觉偏差的个体表现出更多的攻击性。积极自我知觉偏差与不良社会行为（如攻击性行为、被拒绝行为）之间的关系得到不少研究结果的支持。研究表明，那些具有较高水平积极自我知觉偏差的儿童，表现出更多的攻击性，更容易被同伴拒绝（Hymel et al.，1993；Orobio de Castro，Brendgen，Van Boxtel，et al.，2007；Patterson et al.，1990），报告更多的问题行为（DuBois & Silverthorn，2004），更容易被父母、老师和同伴报告为高攻击性（David & Kistner，2000；Edens，Cavell，& Hughes，1999；Gresham，Lane，MacMillan，et al.，2000），也更容易被判定为有行为障碍（Owens & Hoza，2003）。而且积极自我知觉偏差与攻击性行为之间的关系具有跨性别和种族的普遍性（David & Kistner，2000）。一项为期6年的追踪研究也证明了积极自我知觉偏差是攻击性行为的一个重要风险因素（Hoza et al.，2010）。

为什么那些存在积极自我知觉偏差的个体会表现出更多的攻击性行为呢？研究者们认为，具有积极自我知觉偏差的个体，通常会高估自己的真实能力，在与他人交往中，表现出傲慢、自大和有敌意的社会行为。如果长时期持有这种自我知觉，将产生应对问题，并导致人际交往问题（Colvin，Block，& Funder，1995）。此外，社会信息加工理论认为，那些具有极高积极自我知觉偏差的个体，他们更容易被激怒并具有潜在的攻击性机制，同时他们也更容易得到消极的外在反馈。一旦来自外在的消极反馈极大地挑战了这些个体的积极自我知觉，威胁到其积极自尊，他们就容易产生攻击性行为；有着积极自我知觉的个体遭遇到消极社会信息的时候必须选择两种方法之一来回应，或是接受社会的反馈信息，降低自己的自我知觉，或是拒绝社会的反馈信息，维持原有的积极的看法（Baumeister et al.，1996）。选择不同的回应方式，将会影响他们随后的情感状态和行为的表达。如果选择接受外在反馈信息并降低自我知觉，个体将产生不良的情绪并导致其出现社会退缩行为。如果拒绝真实的反馈信息，会对威胁来源产生愤怒的情绪。道奇等人（Crick & Dodge，1996；Dodge & Frame，1982）的研究结果表明，将消极的外在评价理解为威胁信息的儿童，将会产生愤怒的情绪并对提出评价的同伴表现出攻击性行为。因为，对信息源表达愤怒是否定这些信息的重要途径。通过对反馈信息源进行直接的攻击性反应，与自我知觉不符的信息将就此打住。通过反击负性社会反馈，个体保护了自己，使自己免受消极情绪体验之苦，并保持了积极的自我知觉偏差。但是，这也可能使他们更具有人际攻击性。如果个体不对这些威胁自尊的外在反馈信息表现攻击性的反应，他们就只能被迫改变自己的自我知觉。

2.3.3　自我知觉准确性及偏差与情绪适应的关系

在社会心理学文献中，对积极的自我知觉和现实的自我知觉哪个更能适应环境的问题，一直存在争议。自我知觉偏差与情绪适应的关系见于诸多研究中（Asendorpf, & Ostendorf, 1998；Colvin, Block, & Funder, 1995）。总体上有两种观点：一种观点认为无论是积极自我知觉偏差还是消极自我知觉偏差，均不利于情绪适应，仅有准确的自我知觉才有利于情绪适应。例如，科林等人（1995）认为能够准确评估自己和环境是心理健康的个体的基本特征。另一种观点认为积极自我知觉偏差有利于情绪适应，消极自我知觉偏差和准确的自我知觉则不利于情绪适应。例如，有研究者（Taylor & Brown, 1988）认为积极的自我评价、高估的控制感和非现实的乐观是普通人的基本特征，且这些特征尤其体现在逆境中，如在容易让人产生抑郁感的环境和缺乏动机的环境中。

2.3.3.1　自我知觉准确性与情绪适应的关系

传统的观点认为，准确和现实的自我知觉是心理健康的重要标志(Rogers, 1959)。在过去的很长时间里，多数心理学家坚信，真实、准确的自我知觉是获得幸福和成功的必要前提，一个适应良好的个体应当对自我有正确的认识，而那些头脑中常存错觉、不能清醒认识自我的人往往容易受到心理疾病的侵扰（刘肖岑，桑标，窦东徽，2011b）。社会能力理论认为，知道哪些人喜爱自己和哪些人不喜爱自己，有利于儿童预测他人在特定社会情境中的反应，能令儿童调整自己的行为从而获得最多的社会接纳（Crick & Dodge, 1994）。而预测他人反应的能力和为他人广泛接纳的经历，可以减少个体的消极情绪，如抑郁和孤独感。自我确认理论也认为，自我知觉与外部评价的整合有利于儿童发展确定感和预测力。但对于外部的社会反馈，不论是积极的还是消极的，都会引起儿童的压力感和其他不良情感反应（Giesler，Josephs，& Swann，1996）。因为，即使是消极的自我知觉，人们也倾向于维护自己的自我知觉。而对于外在的社会反馈，即使是积极的反馈，也会对个体的自我知觉产生威胁，从而产生痛苦的情绪体验。总之，不能准确评估自己被接纳现状的个体，更可能遭遇到与自我评价不一致的社会反馈，从而导致痛苦，产生孤独感。以往的实证研究结果表明，社交自我知觉准确性较高的儿童具有较低水平的孤独感（Cillessen & Bellmore，1999）。抑郁与自我知觉关系的研究也发现了类似的结果，如研究表明，自我知觉准确性能显著预测儿童后期的抑郁水平（Kistner，David-Ferdon，Pepper，et al.，2006）。综上可见，社会能力理论和自我确认理论认为，自我知觉准确性是情绪适应（如抑郁和孤独）的一个重要影响因素，不准确的自我知觉不利于个体的情绪适应。

然而，虽然有较多的理论和研究结论证实，自我知觉准确性越高，抑郁水平越低，但是也有理论和研究提出相反的观点，即抑郁者更能准确地判断自己的表现，即"抑郁现实主义"（Alloy & Abramson，1979）。抑郁的现实主义理论源自阿洛伊和艾布拉姆森发表的研究。该研究首先根据抑郁的认知理论，假设抑郁的个体具有自我贬低的特征，从而表现出低估自己对事件的控制能力。在此基础上，他们设计了一个精妙的实验。在实验中，研究者分别设置了两种情景，一种情况下，被试可以通过按按钮来控制灯是否变亮，而在另外一种情况下，被试按按钮与灯是否变亮完全没有关系。结果发现，相对普通个体，抑郁者在两种情境下都表现出了非常准确的判断。早期的一些研究结果也证明了这一观点，如研究结果表明，有焦虑特征的个体对自己社会能力的评价与外部观察者对其的评价具有较高的一致性，然而，非焦虑的个体则倾向于高估自己的社会能力（Lewinsohn et al.，1980）。因此，有消极情感障碍的个体，更有可能是那些能准确评估自己社交能力的人。

2.3.3.2　自我知觉偏差与情绪适应的关系

抑郁作为一种消极的情绪，其与自我知觉准确性及偏差的关系一直受到研究者们的重点关注。抑郁认知理论和社会认知理论认为，消极的自我知觉偏差是抑郁者的易感因素。消极自我知觉偏差与抑郁之间的正相关关系得到一些理论和研究结果的支持，如抑郁认知理论认为，有偏差的自我知觉是引起和维持抑郁水平的重要因素（Beck，1967）。抑郁者对自身能力和特征的评估具有系统性的偏差，表现为系统性地低估自己的人格、任务表现和个人能力。这种消极的自我评价尤其体现在社交领域，如有情绪障碍的个体通常会低估他们的社交技能和社会接纳，但是没有情绪障碍个体的社交自我评价则相对准确（Qian，Wang，& Chen，2002）。最近的研究也证明了消极社交自我知觉偏差与情感障碍密切相关（Ekornås，Heimann，Tjus，et al.，2011）。从小学到中学阶段，低估社会接纳可以显著预测焦虑（Amie，Norton，& Ollendick，2010）。处于小学阶段的情感障碍的儿童，对自己的社会接纳具有普遍的负性评价。这个结果也支持了这样的一个模型：与认知发展过程密切相关的消极社会知觉障碍与情感障碍相联系。总体而言，系统性地低估自己社交能力的个体更有可能有消极的情绪体验，如抑郁和孤独感（Ekornås et al.，2011）。消极自我知觉偏差是社会心理适应和成就感的重要风险因素也得到了较多研究结果的支持（Bouffard，Boisvert，& Vezeau，2002；Bouffard，Vezeau，Roy，et al.，2011；Cole，Martin，Peeke，et al.，1999；Harter，1985a；Phillips，1984；Phillips，1987；Phillips & Zimmerman，1990）。

抑郁与消极自我知觉偏差相关联的另一个证据来源于人们对积极自我知觉偏差与心理健康关系的讨论。一些研究者认为积极偏差有利于心理健康（Taylor，Lerner，Sherman，et al.，2003）。泰勒和布朗（Taylor & Brown，1988）认为积极的偏差是心理健康的重要特征，因为心理健康的个体会倾向于积极的自我评价，将自己评价为比实际情况拥有更高的控制能力，表现出非现实的乐观。他们认为积极自我知觉偏差在人们的一生中扮演着非常重要的角色，是情绪适应的重要保护性因素。在积极自我知觉偏差具有积极的影响作用上有一个重要的假设，即乐观地估计自己的能力能让个体努力并且努力得更久，从而应对环境的挑战（Bandura，1986；Pajares，2001）。一个乐观的个体能够发展和获得有效应对危险环境的技能和有弹性的自信（Brown，1993；Fournier，De Ridder，& Bensing，2002；Segerstrom，Taylor，Kemeny，et al.，1998；Taylor & Armor，1996），一个人对自己和他人展现出积极的态度能让大家认为他是一个充满阳光的人（Taylor et al.，2003）。有研究认为，积极自我知觉偏差是一种普遍的社会现象，存在于不同的文化背景之中。例如，积极自我知觉在年纪较小的儿童群体中非常普遍，并被认为是一种普遍的发展现象（Bouffard et al.，1998；Harter，1993）。一项对266个研究的元分析的结果表明，虽然不同年龄和文化之间存在显著的差异，但积极的自我知觉偏差普遍存在于所有的人群中（Mezulis，Abramson，Hyde，et al.，2004）。这项研究还指出自我增强（self-enhancement，也译为自我提升）和自我服务倾向（self-serving bias）是非常普遍的一个社会现象（Sedikides，Gaertner，& Vevea，2005；郭婧，吕厚超，黄希庭，等，2011；刘肖岑，桑标，窦东徽，2011a），人们通常将积极和满意的结果归因为自身能力，而将消极和不满意的结果归因为外在因素，并且倾向于维持或提升个体自我价值感。自我增强被认为是人们寻求正面评价的普遍倾向，可能人们有一种提高个人价值感或增强自尊的动机，从而使得他们强烈要求获得积极评价和反馈（韩立丰，王重鸣，2011；李艳梅，付建斌，1996）。虽然存在内容差异观和过程差异观（王轶楠，2005），但是研究发现自我增强具有跨文化的普适性，即不同文化背景中的人均普遍具有自我提升的动机（刘肖岑等，2011b），文化差异仅仅体现在自我增强的程度上（Cai，Wu，& Brown，2009）。研究者指出，到目前为止，积极自我知觉偏差的总效应是所有心理学认知研究中的最大效应之一，这从侧面证实了积极自我知觉偏差的普遍性（Mezulis et al.，2004）。

积极自我知觉偏差与积极情绪之间的关系得到一些实证研究结果的支持，如科尔等人（Cole，Martin，Peeke，et al.，1999）的研究发现，相比系统性地低估自己能力（与教师评定相比较）的儿童，那些对自己能力的评定高于教师评定的儿童焦虑和抑郁症状较少。自我强化被用作自我保护的现象在一些特殊群体中比较常见，如学习障碍群体、注意力缺陷群体。一项为期四周的研究结果表明，那些高估自己能力的儿童比那些低估自己能力的人在前测和后测都对自己的表现更满意（Narciss，Koerndle，& Dresel，2011），一些实验室研究的结果也得出了类似的结论（Marshall & Brown，2006）。此后的一项为期五年的追踪研究结果表明，对认知能力持续的积极自我知觉偏差对个体的适应及学业表现有长时间的积极影响作用（Bouffard et al.，2011）。他们认为，至少在学校环境中，对自己能力的乐观知觉能让儿童尽可能展现自己的能力，从长远来看，能够帮助他们排除影响发挥潜能的外在限制，获得更多的能力。因此，研究者（Keyes，2006）认为积极乐观的自我知觉是达到主观幸福的重要条件。

综上，抑郁与消极的自我知觉偏差具有正相关关系，即抑郁者比普通个体具有更为消极的自我知觉。然而，普通个体普遍表现出积极的自我知觉偏差。积极的自我知觉偏差也会导致抑郁，有研究表明，积极自我知觉偏差不利于个体情绪适应（Baumeister et al.，1996；Colvin et al.，1995；David & Kistner，2000；Gresham et al.，2000；John & Robins，1994），这些研究认为这种积极自我知觉偏差与对失败的外部归因、防御性和自我障碍应对策略有关联，通常被用作保护个体的自我印象。在社会适应过程中，个体通常会充分利用外在的反馈不断完善和提高自我的能力。而这些应对策略会让个体忽视外在的反馈，产生过度的自信，不能学习正确解决问题的方式，最终导致自尊降低、社交技能低下、情绪与行为问题（Gresham et al.，2000）和心理失调（如神经过敏和自恋，John & Robins，1994）。

2.4 总结与启示

2.4.1 自我知觉与他人知觉的偏差对研究方法的启示

以往的研究，甚至是当前的很多研究，大部分是采用自我报告的方法。

这种方法的一个前提就是默认自我知觉比他人知觉更准确。然而一直以来，不同知觉准确性的研究均提示自我知觉偏差的普遍存在（Preuss & Alicke，2009），甚至一些时候他人知觉（如同伴、父母、老师等的知觉）比自我知觉更为准确（Vazire & Mehl，2008）。这就说明，我们惯常采用的自我报告研究法可能并不是我们想象得那么准确。但是，他人知觉也并不一定都比自我知觉更准确，例如，在人格特质的评定上自我知觉更准确（Paunonen & O'Neill，2010）。

当然，自我知觉和他人知觉在不同的知觉对象上有着不同的准确性，例如，在对真实生活的日常行为和人格特质的评价上，自我知觉更准确（Shrauger et al.，1996；Spain et al.，2000），而在基于实验室的行为和结果的变量上，亲密他人的更准确（Shrauger et al.，1996）。可见，今后的研究应该进一步探讨在不同知觉对象上的自我知觉和他人知觉的准确性，并从理论和统计分析方法上尝试设计一系列的程序来控制自我知觉与他人知觉偏差，以期为今后的研究提供方法学上的理论和实践依据。例如，有研究者（Kenny & West，2010）将自我知觉与他人知觉按照一致性（agreement）和相似性（similarity）分成了四种类别：自我与他人知觉的一致性（self-other agreement）、自我与他人知觉的相似性（self-other assumed similarity）、他人知觉之间的共识（other-other consensus）和他人知觉之间的同化（other-other assimilation）。在此基础上，他们提出了一系列的模型和分析方法探讨不同变量（如知觉对象）对一致性和相似性的影响效应。此外，他们（West & Kenny，2011）在文献分析的基础上，提出了偏差（bias）与事实（truth）对判断（judgment）的影响模型，在模型中他们将各种知觉偏差通过一定的分析方法分离出来（具体的分析方法详见该文献）。通过这种模型可以控制偏差（如自我知觉偏差与他人知觉偏差）对个体其他变量的影响。

2.4.2 自我知觉偏差与社会行为的关系

积极自我知觉偏差与注意力缺陷障碍、攻击性和被拒绝等不良社会行为之间的关系受到研究者们极大的关注。研究普遍发现积极自我知觉偏差与不良社会行为密切相关（Owens & Hoza，2003），积极自我知觉偏差甚至是不良行为的重要影响因素（Hoza et al.，2010）。积极自我知觉偏差对不良社会行为的影响机制得到一些理论的支持，如社会信息加工理论认为具有积极自我知觉偏差的个体更容易将外在的消极反馈认定为威胁自尊的信息（Crick & Dodge，1996；Dodge & Frame，1982）。但是，较少的研究关注那些存在消极自我知觉偏差的个体以及那些能准确评价自我的个体。非积极自我知觉偏差的个体与社会行为的关系如何？他们表现出更多的亲社会行为，还是更多的社会退缩行为？这些问题尚未解决。

目前有关自我知觉偏差与社会行为的研究主要集中在欧美的被试群体中，研究发现积极自我知觉偏差是普遍的社会现象。然而在中国注重谦逊的文化背景中，积极自我知觉偏差是否同西方一样普遍，并有利于儿童的社会性发展？刘肖岑等人（2011a）对国内青少年内隐与外显自我提升的研究结果表明，国内青少年普遍存在自我提升的现象，但是在人际情景中，自贬归因的青少年得到的评价更高，有更多的青少年喜爱与之交往。这种结果说明，西方的研究结论并不能直接整体照搬到中国，我们应探讨这些研究结果在国内群体中的普适性。

总之，非积极自我知觉偏差与社会行为的关系如何，以及自我知觉偏差与社会行为之间的关系的跨文化一致性，是今后国内研究者们需要进一步研究的问题。

2.4.3　自我知觉准确性及偏差与情绪适应的关系

自我知觉准确性及偏差与情绪适应的关系存在较大的争议，有两种截然相反的观点。传统的观点认为，准确自我知觉是心理健康的重要标志，而不准确的自我知觉不利于情绪的适应。他们的观点得到一些理论（如社会能力和自我确认理论）和研究结果的支持（Cillessen & Bellmore，1999）。但是最近的观点则认为积极自我知觉偏差是人类社会适应中的普遍现象，积极自我知觉偏差有利于个体的情绪适应，是一些消极情绪（如抑郁）的保护性因素。这一观点也得到一些理论（自我增强和自我服务倾向）和研究结果的支持

（Narciss et al.，2011）。这两种观点都认为消极自我知觉偏差与消极情绪密切相关，即消极自我知觉偏差不利于情绪的适应。两者的不同点在于是准确自我知觉有利于情绪适应（传统观点），还是积极自我知觉偏差有利于情绪适应（最近的观点）。

为了厘清两个观点的差异以及寻找一些可能的原因，一些研究者对积极自我知觉的来源和效应进行了分析。例如，有研究（Gramzow，Elliot，Asher，et al.，2003）发现，若积极自我知觉偏差是因成就动机而引发，则有利于个体的能力表现，从而有利于情绪的适应。但是，如果是因隐藏个人实际的能力而引发的积极自我知觉偏差则具有消极的影响作用。此外，有研究（Robins & Beer，2001）发现，积极自我知觉偏差对情绪的适应具有短时的积极效应，从长远来看则有消极的效应。当然，也有研究者也认为积极自我知觉偏差有利于情绪适应可能是针对有情绪障碍的个体而言，例如，一项追踪研究发现，早期的积极自我知觉偏差并不能预测抑郁水平的变化，而抑郁水平能显著预测后期自我知觉偏差的降低，即抑郁水平可能是自我知觉偏差的前因（Hoza et al.，2010）。

虽然不少研究者对这两种不同观点的原因进行了一系列的探讨，但是目前的研究结论仍然无法令争议结束。因此，今后的研究可能需要从更高的层面和更广的角度来探讨这一争议。

\ 第三章 \ 研究设计与思路

3.1 研究问题的提出

3.1.1 社交自我知觉的发展特点及其与同伴交往变量、社会适应变量的关系

儿童对人际交往(尤其是同伴交往)能力的自我知觉受到许多研究者的关注。研究者们在实证研究的基础上开发了完善的测量工具,形成了成熟的理论。同时,研究者们也进行了大量的实证研究,试图从实证的视角探索儿童对自己社交能力评价的基本规律。

以往的研究者们考察了社交自我知觉的发展、社交自我知觉的影响因素、社交自我知觉对情绪适应的影响,特别是深入探讨了社交自我知觉与同伴关系之间的相互影响作用。这些研究成果有利于人们更好地理解孩子们是在什么时候开始认识自己的,他们又是如何知道自己是受同伴喜爱的,为什么有些孩子能够在与他人交往过程中表现得更为自信,等等。同时,对父母和老师而言,这些研究结果有利于他们更好地了解影响儿童人际交往和社会适应的各种因素。但是仍有一些疑问有待进一步的研究来解决。

3.1.1.1　中国文化背景下儿童社交自我知觉的现状及其相关影响因素有待考察

获得一定的社交能力是儿童适应社会的重要保证，也是一个儿童社会性发展的重要标志。因此，儿童社交能力的获得和发展受到儿童发展心理学家们的重视，他们为此进行了大量的有益探索，并获得了较多的研究成果。然而，这些研究大部分是基于欧美文化背景下的儿童，对中国文化背景下儿童的社交能力的探索研究相对较少。在中国这种特别重视人际关系的文化背景下，社会大众尤为关注儿童社交能力的习得，因为这是儿童适应社会的最为关键的指标之一。中国儿童社交能力自我知觉的现状如何？中国儿童社交自我知觉的相关影响因素有哪些？这些问题值得深入研究。

此外，以往的研究特别关注儿童同伴交往，认为同伴交往是儿童社会化进程中的重要组成部分，同伴交往环境是儿童习得社交技能、实践社交能力、获得社交成就的重要环境。研究者们认为儿童对自己社交能力的评价特别受同伴交往变量的影响，例如同伴接纳、社交地位、友谊质量等变量的影响。这些同伴交往变量反映了儿童与同伴交往过程中的真实社交状况，也在一定程度上体现了儿童自身的社交能力。同伴交往变量对社交自我知觉的影响也得到许多研究的支持。有研究者认为，同伴交往既然是儿童社交能力的"试金石"，那么儿童也会从中得到关于自己社交能力的反馈。结合自我形成的观点来看，在儿童社交自我知觉的形成和发展中，儿童会根据外在环境的反馈，对自己的社交能力不断进行再评价。由此可见，同伴交往变量一方面可以显著影响社交自我知觉，同时，社交自我知觉也会显著影响随后的社交表现，从而影响儿童的同伴交往。这说明，儿童同伴交往既可能是社交自我知觉的前因变量，也可能是社交自我知觉的结果变量，它们之间是一种相互影响的关系。对于这一推论，以往的研究并没有实证研究的证据支持，因此需要采用追踪研究设计，通过实证研究验证这些观点。

3.1.1.2　缺少对儿童及青少年社交自我知觉发展轨迹的个体间差异的探索

社会知觉的研究是一个比较成熟的研究主题，大量研究深入探讨了儿童社交自我知觉的发展，但是对中国文化背景下儿童社交自我知觉发展变化的探讨相对较少。此外，以往的研究采用变量中心视角，考察的是社交自我知觉的整体发展的特点。然而，受个体之间的同伴交往经验以及环境变量的影响，不同个体的社交自我知觉可能存在不同的发展趋势。因此，进一步的研究可采用个体中心视角，在考察儿童及青少年社交自我知觉的整体变化趋势的基础上考察其中的异质性组别。

3.1.1.3　儿童社交自我知觉的发展轨迹及其对社会适应的影响有待深入探讨

有许多研究者关注社交自我知觉的发展特征，他们的研究普遍认为儿童社交自我知觉在童年中后期有显著增长的趋势。研究者们还探索了儿童社交自我知觉的整体发展趋势对社会适应的影响。他们的研究发现，儿童社交自我知觉的增长对社会适应具有显著的正向影响，如，若儿童的社交自我知觉显著增长，则其孤独感和社交退缩将会得到显著缓解。

以往的研究者们普遍关注的是儿童社交自我知觉的总体发展趋势，对这种发展趋势是否存在显著的群组间差异关注较少。仅有的几项研究重点关注的是社交自我知觉发展趋势的性别差异以及初始测量时的水平高低在发展趋势上的差异（如赵冬梅，周宗奎，2016）。正如科尔等人（Cole，Jacquez，Maschman，2001）认为的那样，儿童社交自我知觉可能存在显著的个体差异，因为并不是所有儿童的社交自我知觉都是显著增长的。以往的研究表明，童年中后期的儿童在进行自我评价时开始使用自我增强策略，这一策略的使用使得儿童对自己社交能力的评价越来越高。自我增强是指个体选择性地关注、强调与夸大自我积极的方面（Heine，2003）。文化心理学研究者普遍认为自我增强在东西方文化中都存在，在西方人中更为普遍，在东方人中较弱甚至被压制（王轶楠，2005；Chang & Asakawa，2003）。东方文化背景下的人更倾向于选择性地关注、强调与夸大自我消极的方面，并尽力改正自我感知到的不足，即进行自我完善（self-improvement）。文化心理学研究认为文化对人们思考、感觉和看待自己的方式会产生重要影响，儿童在社会化过程中必然会或多或少地受到社会文化潜移默化的影响。由此可以推测，在自我增强动机较弱和倾向于采用自我完善策略的文化的影响下，中国儿童的社交自我知觉增长可能较为缓慢，部分儿童可能更为持续地关注自己的弱点，导致这些儿童对自己的社交能力评价越来越低。此外，随着年龄的增长，儿童对自己能力的评价开始从总体的评价向具体领域的评价发展，他们通常会发现自己在某些领域具有较强的能力，而在另外一些领域的能力相对较弱。这一自我评价的分化，可能会导致并不是所有儿童在社交能力上的评价都会一直增长，某些儿童有可能出现下降的趋势。例如，儿童可能会认为自己的学习能力和运动能力在不断增长，而社交能力则表现不佳。

以往的研究者们并没有从个体中心视角出发考察童年中后期儿童社交自我知觉发展的不同轨迹组别对社会适应变量的影响，例如，社交自我知觉增长速率不同的儿童的孤独感有怎样的变化特点？是否增长速率越大，孤独感降低得越多？这些社交自我知觉发展轨迹亚组对社会适应变量的影响特点有待深入研究。

以往的研究还存在以下尚未解决的问题：首先，社交自我知觉的发展变化特点尚未得到研究者们的一致认可。其次，同伴关系与社交自我知觉的关系研究有待更多的研究去进一步揭示其内部机制。最后，研究者们也特别关注社交自我知觉对情绪适应的影响，例如大量的研究揭示了社交自我知觉在同伴交往变量对孤独感影响过程中的中介效应（Zhang et al., 2014；孙晓军，2006；孙晓军等，2009；周宗奎等，2005）。但是，这些研究集中在对孤独感的影响机制的探讨上，对于社交自我知觉对其他积极情绪与消极情绪（如抑郁、乐观、社交焦虑）的影响，有待更多研究的深入探讨。

3.1.2 儿童同伴接纳知觉准确性与偏差的发展及其对社会适应的影响研究

3.1.2.1 少有研究探讨儿童同伴接纳知觉准确性与偏差的现状与发展特点

如第二章所述，人们普遍对自己能力的评价要高于真实水平，而且很多时候人们并不能准确地评价自己的社交能力。因此，对仍在不断发展中的儿童来说，自我知觉的能力还不完善，可能表现出有偏差的社交自我知觉评价。

以往的研究从理论上和实证研究上分析了儿童同伴接纳知觉准确性与偏差的总体发展趋势，但是，由于儿童在不同性别的同伴交往的深度和广度上存在显著的差异，在不同性别的同伴群体中，儿童对自己社交能力的评价可能存在不同的准确性和偏差。例如，同性同伴群体由于有着更为深入的同伴交往，在交往频率和关系的紧密程度上均显著高于异性同伴群体，因此他们能通过大量的同伴交往活动表现出自己的社交能力，同时也能通过细致观察同伴在交往中的反馈，不断修正自己的同伴接纳知觉，从而减少偏差。然而，以往的研究并没有关注这一方面，特别是尚未从纵向研究的视角考察不同性别群体中儿童社交自我知觉准确性的发展变化趋势。

3.1.2.2　同伴交往变量对儿童同伴接纳知觉准确性与偏差影响的研究较少

以往的研究普遍关注儿童同伴接纳知觉的准确性与偏差，同时也特别关注这一认知能力的发展与同伴交往之间的关系。研究普遍发现，儿童与同伴交往的深度和广度影响着儿童同伴接纳知觉准确性与偏差的发展。根据同伴交往的相关理论以及儿童同伴接纳知觉准确性与偏差的特点，我们可以发现，儿童对自己社交能力的评价建立在同伴交往的经验之上，而这些经验可能包括了同伴交往的双向水平和群体水平，例如友谊质量、同伴接纳。此外，在同伴交往变量中，儿童对同伴关系的乐观水平也对自我能力的评价存在一定的影响。因此，为了更好地了解同伴交往变量对儿童同伴接纳知觉准确性与偏差的影响机制，有必要更深入地考察同伴交往双向水平、群体水平，以及同伴关系的乐观水平对同伴接纳知觉准确性与偏差的影响。

3.2 本书拟探讨的问题

自我的发展是儿童及青少年发展任务中的重要一环，其中，社交能力的自我知觉对他们的社交技能习得、发起，维系同伴关系，甚至形成和发展友谊，均具有举足轻重的作用。同时，社交自我知觉对儿童及青少年社会适应具有重要的影响作用。笔者在前人研究的基础上，结合中国文化背景，围绕儿童及青少年对社交能力的自我知觉展开深入研究,以期进一步挖掘儿童及青少年社交自我知觉的发展特点,并在此基础上考察儿童知觉准确性与偏差特点,同时深入考察社交自我知觉对社会适应变量的影响机制。

综上,笔者试图从以下几个方面开展相关的研究,试图回答一系列的儿童及青少年发展现象:

(1)儿童及青少年社交自我知觉的现状。从小学到中学是儿童及青少年发展的重要时期,对这一阶段青少年社交自我知觉的现状及性别、年级差异的探讨,可以从横向研究视角探索在小学阶段的儿童社交自我知觉与在初中和高中阶段青少年的社交自我知觉是否存在差异,有助于我们了解当前青少年的社交自我知觉的特点。

(2)儿童社交自我知觉的发展特点。在中国文化背景下,人们对人际交往更为重视,人们普遍认为社会关系网络对个体的发展和社会适应有举足轻重的影响。这种影响表现在获得职业机会、工作晋升、能够快速解决各类棘手问题等方面上。人们普遍认为,一个成功的人往往拥有大量人脉资源,能够周旋于各个利益集团之间,平衡各方的关系,从而获取自己的利益。由此可见,人际关系受到中国人的普遍重视,并且深深地嵌入了其教养观念中。父母们通常在孩子很小的时候就开始教授他们一些人际交往的技巧,并且重视孩子的为人处世、待人接物等能力的培养。在此文化背景下,中国儿童的社交自我知觉是否要高于西方文化背景下的儿童?儿童社交自我知觉在童年中后期具有什么样的发展趋势?是否所有儿童的发展趋势都是一致的?如果不一致,是不是存在不同的发展类型?此外,性别因素一直受到研究者们的关注,例如,在幼儿期,女生的社交能力要高于男生的结论得到大量研究的证实。那么,在童年中后期,女生的社交自我知觉是否也高于男生?随着年龄的增长,这种性别差异是否一直持续?儿童社交自我知觉的现状和发展特点是本书探讨儿童社交自我知觉系列问题的基础。

(3)儿童社交自我知觉与同伴交往的关系。儿童社交技能的掌握通常需要实践经验的强化,也需要通过观察同伴交往习得相应的技能。因此,同伴交往在儿童社交自我知觉的形成和发展中具有重要的作用,可以说,它是儿童社交技能的"训练场"。如前所述,儿童社交自我知觉与同伴关系之间具有稳定的相关关系,大量研究证明,良好的同伴关系有助于提升儿童的社交自我知觉,反之,积极的社交自我知觉也有利于儿童建立良好的同伴关系。儿童的社会行为、友谊质量、同伴接纳、社交地位等同伴关系变量与儿童社交自我知觉之间的关系有待更为深入的探讨。例如,这些同伴关系变量与社交自我知觉之间是否存在因果联系?如果有因果关系,谁为因?谁是果?对此类问题,需采用追踪研究设计,从时间序列的角度探讨变量之间的因果联系。

(4)儿童社交自我知觉对社会适应的影响。大量的研究发现,儿童社交自我知觉对社会适应有着重要的影响作用,例如,研究普遍发现,社交自我知觉能够负向预测孤独感与社交退缩。作为社会适应的重要变量,孤独感与社交退缩分别反映了儿童的情绪适应和行为适应。以往的研究主要从变量中心视角出发考察两者之间的关系。从个体中心视角出发,儿童的社交自我知觉发展趋势可能存在异质性群组。不同社交自我知觉发展模式的孤独感与社交退缩具有哪些发展变化特点有待进一步的探讨。

(5)儿童同伴接纳知觉准确性与偏差的现状和发展变化特点。社交自我知觉是指儿童对自己是否被同伴接纳和喜爱的觉知,它反映了儿童的社会认知能力。研究普遍发现,人们的社会认知并不一定总是准确无偏差的,通常存在一定的偏差。例如,研究发现人们普遍认为自己的表现要好于平均水平,这是因为存在自我服务动机等因素。以儿童为对象的研究结果也发现了相似的情况,即儿童对于自己的社交能力有积极的认知偏差,即自我知觉的同伴接纳情况要高于客观实际情况。但是,以往的研究对儿童同伴接纳知觉准确性与偏差的研究,较少关注准确性与偏差发展特点,尤其是缺少针对中国文化背景下儿童群体的研究。

(6)儿童同伴接纳知觉准确性与偏差对社会适应的影响。儿童同伴接纳知觉准确性与偏差对社会适应的影响受到许多研究者的关注。例如,研究发现儿童同伴接纳知觉准确性与偏差对抑郁存在显著的影响作用,对社交退缩和攻击行为也有重要的影响。然而,以往的研究并没有深入考察准确性与偏差对孤独感的影响,特别是两者之间的因果关系。此外,对于社交退缩的影响，以往的研究没有考虑到社交退缩存在不同的亚型，如安静退缩型与活跃退缩型。准确性与偏差对不同类型社交退缩的影响有待进一步研究。

综上可知，本书关注的是儿童青少年社交自我知觉这一变量的发展、变化特点及其对社会适应的影响。同时，本研究也重点关注了儿童社会认知的准确性与偏差的现状和发展特点，特别是考察了准确性与偏差对社会适应的影响。总之，本书是在考察现状与发展特点的基础上，综合分析儿童社交自我知觉和知觉准确性与偏差对社会适应的影响。研究的结果可以在一定程度上为提高儿童社会适应的干预方法提供实证的证据支持，从而为相关干预方法和干预方案的设计提供指导。

3.3 研究设计与思路

本研究的总体研究思路和设计如图 3-1 所示。

整体而言，是一种层层递进的研究设计，主要探讨儿童社交自我知觉和知觉准确性与偏差。其次，在两个主题具体研究部分，分别考察了社交自我知觉和知觉准确性与偏差的现状、发展特点以及与同伴交往的关系，并进一步分析了它们与社会适应变量的关系。根据以往的研究，本研究选择了分别代表情绪适应和行为适应的两个核心变量：孤独感和社交退缩。

为了深入考察儿童及青少年的社交自我知觉，根据上述研究思路，本研究可以分为两大部分，每个部分分为两个小节，共九个子研究。九个子研究主要采用横向与纵向相结合的研究设计，分别采用了问卷法、同伴提名法等研究方法。在一些研究中，对变量的测量指标采用了二次加工的统计分析，校正或生成了变量的新指标。

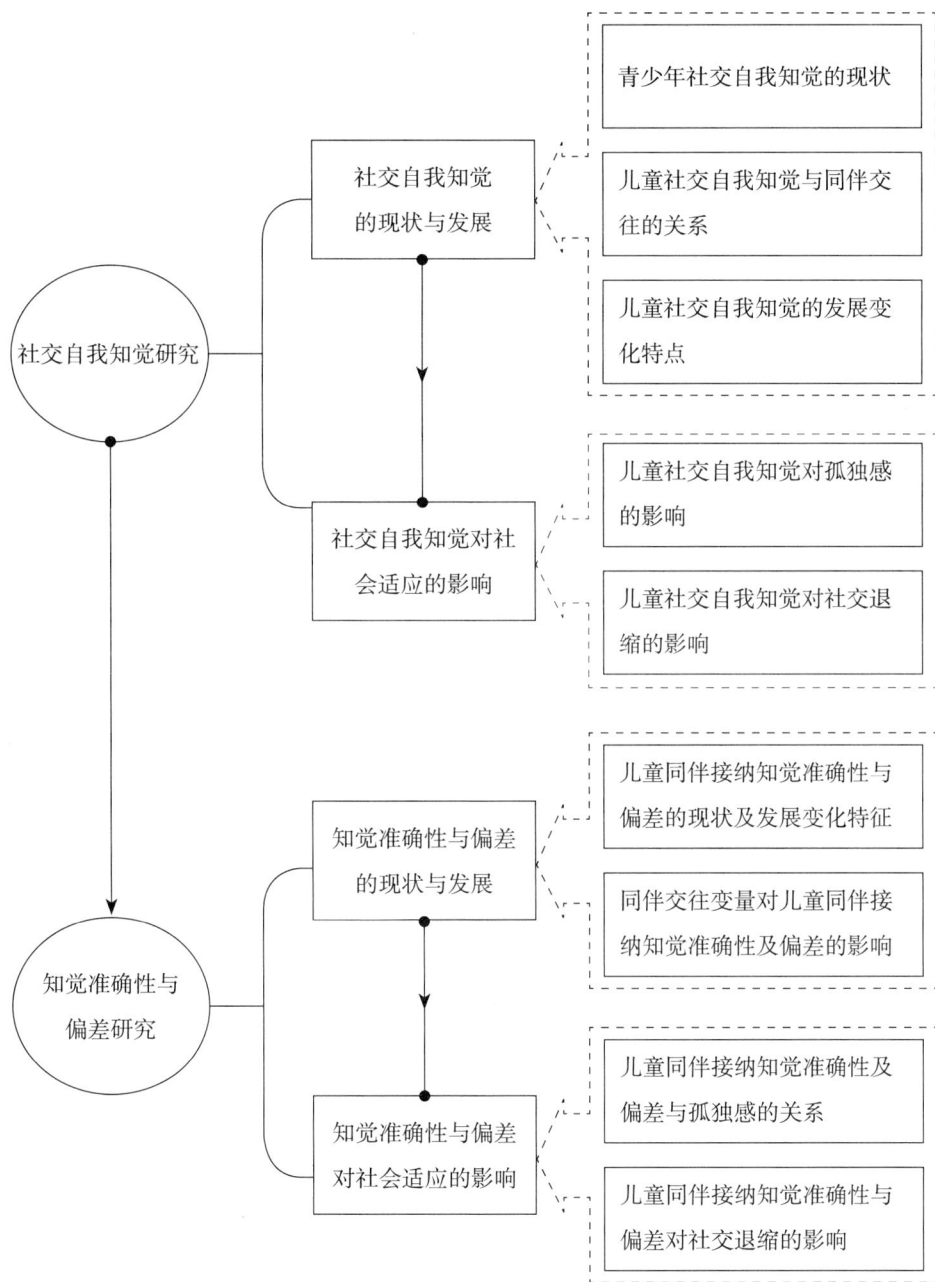

图 3-1 研究框架及思路图

3.4 研究的意义

　　从询问"我是谁""我从哪里来"开始，儿童就踏上不断探寻自我的征途。当儿童站在镜子前面，将鼻子上的红点抹去的那一刻，我们就知道他们已经能够将自己从周围的环境中区分出来，已经具有镜像自我的认知能力。随着年龄的增长，有关自我的知识越来越丰富，他们习惯地说出"我会……我会……但我不会……"。上小学后，儿童从家庭走向学校，逐渐踏入社会。他们进入小学后，走进同伴的世界，与同伴的交往不断深入，由此形成的同伴关系成为他们除亲子关系、师生关系之外的最重要的社会关系。在与同伴的交往过程中，他们不断学习新的社交技能，并通过同伴的反馈，调整自己的社交预期，增强自己的社交能力。

　　在童年中后期，通过深入的同伴交往活动，绝大多数的儿童都对自己的社交能力有了深刻的认识。他们能够通过自己的观察、同伴的反馈和不断尝试，逐渐建立起对自己社交能力的自我评价，由此形成社交自我知觉。社交自我知觉在同伴交往活动过程中起着重要的作用，并且影响着儿童及青少年的社会适应。因此，考察儿童及青少年对自己社交能力的评价，对了解和促进儿童及青少年社会化的发展具有重要意义。

3.4.1　理论意义

　　儿童及青少年的社交能力是在同伴交往的社交实践中逐渐形成并发展起来的，而同伴交往又是随着年龄的增长而不断发生变化的。此外，儿童所处的社会环境，例如，亲子关系、学校环境等，都随着时间不断发生变化。这些变化将会影响儿童及青少年的社会性发展的进程，导致社交自我知觉随着时间而发生变化，同时由于这种变化受到环境的影响，个体之间存在显著的差异。我们很难看到两个儿童的发展进程是高度一致的，即使是在相同的环境中抚养长大的同卵双胞胎也是如此。这就需要我们采用追踪研究,从变量中心视角纵向考察儿童社交自我知觉的发展变化特点,并从个体中心视角考察这种变化特点的群体性差异。只有这样,才能更深入地探索儿童及青少年社交自我知觉的发展特点,丰富儿童及青少年社会性发展和社会适应的相关理论,并为其提供实证证据的支持。

其次,社交自我知觉的发展受到同伴交往的影响。社交本身是个体与环境之间的一种交互活动,在这种互动过程中,个体与环境之间会产生促进或阻碍作用。社交自我知觉本身也会对许多社会适应变量(如孤独感与社交退缩)产生重要影响。因此,从纵向追踪的视角分析同伴交往变量对社交自我知觉的发展,有利于探索影响社交自我知觉的因素,也有利于考察同伴交往变量、社交自我知觉和社会适应之间的相互作用机制。探索这一机制,可以更好地揭示同伴交往不同水平变量(个体水平、双向水平、群体水平)是如何影响社会适应的。

最后,人类在认识世界的过程中会普遍表现出各种各样的偏差,他们在评价自己的能力过程中也存在准确性和偏差的问题。而儿童在发展和建立自我评价的过程中,显然也无法避免这类问题的出现。那么,儿童对自己社交能力的评价是否与现实相符?若不相符,其准确性和偏差的情况如何?由此带来的社会适应又会相应有怎么样的变化?这些问题的探讨有助于我们更好地了解儿童社交能力的自我评价。

本书所要研究的内容以及所设计的框架与思路,无论是在研究方法上,还是在研究内容上,都对儿童同伴交往的相关理论有着重要的推进作用。从方法上看,本研究采用的潜变量增长模型、潜变量混合增长模型等方法是在传统分析方法上发展起来的综合性追踪研究分析技术,可以在探讨变量发展变化特点的基础上,考察变化特点的群组性差异,从而有助于我们从综合变量中心视角和个体中心视角,更深入地探讨儿童社交能力发展变化的特点。其次,从内容上看,本书探讨的不仅是儿童对社交能力的自我评估,还包括儿童自我评估过程中的准确性和偏差问题。这种更贴近现实的研究内容,有助于我们更好地理解儿童社交能力的发展,以及儿童自我形成过程中的各种特点。

3.4.2　实践意义

显然，发展心理学家们从事各种研究的目的并不仅仅是为了挖掘影响儿童及青少年发展中的各种问题，而是为了分析这些问题背后的各种影响机制，提出和制定有利于儿童及青少年顺利发展、更好地适应社会的各种预防、干预和应对策略。可以说，发展心理学家们的研究问题来源于现实，研究目的也回归于现实。所以，本书的最终目的是为儿童及青少年社会性发展和社会适应提出预防与干预策略。

首先，探索儿童及青少年社交自我知觉发展变化特点，有利于家长和老师们更好地了解孩子们的普遍发展规律，发现那些发展异常的孩子，并根据相关的干预和预防策略，及时进行干预，从而让那些"异常"孩子能够尽快回归"正常"的发展轨道。其次，了解哪些孩子容易受到同伴的欢迎，能很好地融入同伴交往群体，能更好地适应环境，可以为儿童及青少年社交技能的训练工作提供更好的参考和指导。

\ 第四章 \ 儿童青少年社交自我知觉的现状

4.1 引言

以往的研究发现儿童及青少年社交自我知觉存在显著的性别差异，普遍表现出女生高于男生的趋势。然而，也有一些研究发现这种性别差异可能在青少年的某个阶段表现比较明显，在其他一些阶段则表现不明显。此外，青少年社交自我知觉呈显著增长趋势这一观点尚未得到一致证明，例如，有研究发现社交自我知觉在青少年阶段先下降，后较为稳定，而有些研究则发现社交自我知觉存在先增长后下降的趋势。由此可知，有必要探索中国文化背景下儿童及青少年社交自我知觉的性别和年级差异。

本研究采用问卷调查法，考察小学三年级至高中三年级（共 10 个年级）儿童及青少年的社交自我知觉现状及其性别和年级差异。我们假设：儿童及青少年社交自我知觉具有显著的年级差异，高中生高于初中生，而小学生得分最低；女生社交自我知觉普遍显著高于男生。

4.2 研究方法

4.2.1 研究对象

本研究采用随机整群抽样的方法,在武汉市一所小学、两所初中和五所高中进行了抽样,共抽取了 44 个班级。在小学三年级至六年级,每个年级随机抽取 2 个班级,共 8 个班级;在两所初中,每所学校的每个年级随机抽取 2 个班级,共 12 个班级;在五所高中,随机抽取高一 10 个班级,高二 9 个班级,高三 5 个班级,共 24 个班级。最终 2515 名青少年参加了问卷调查,男生 1257 名,女生 1202 名(56 名青少年未报告性别信息)。被试具体的年级和性别分布情况如表 4-1 所示。

表 4-1　被试基本情况表

	三年级	四年级	五年级	六年级	初一	初二	初三	高一	高二	高三	合计
男	70	70	98	72	119	124	100	260	236	108	1257
女	53	51	100	55	100	91	99	299	214	140	1202
合计	123	121	198	127	219	215	199	559	450	248	2459

注:56 名青少年未报告性别信息。

4.2.2 研究工具

儿童能力自我知觉量表　采用哈特(Harter,1982)编制的 PCSC 量表(the perceived competence scale for children),该量表是国内外测量自我知觉较为常用的量表(Sallquist et al.,2010;李幼穗,孙红梅,2007),原量表包含四个维度:社交自我知觉、认知自我知觉、运动技能自我知觉和一般自我知觉,本研究仅选取社交自我知觉维度,该维度共有 6 个项目。该量表同时呈现两个句子,被试需要确定自己更符合哪一句的描述,再确定符合的程度,用1～4分表示，分数越高表示越符合。最终用该维度所有项目的平均分表示社交自我知觉得分，得分范围为1～4分。

4.2.3　研究过程

以班级为单位进行集体测试。问卷施测的主试均为经过培训的心理学专业硕士研究生。在问卷调查开始之前，主试向被试说明本次问卷调查的主要目的，并承诺问卷结果对个人和老师保密，让各位同学认真、放心地作答。此后，主试向被试讲明问卷的作答要求和步骤，解释问卷的指导语，同时在必要时对有疑问的个人提供问卷作答的方法解释，确保每位被试能够正确理解问卷的内容和正确作答。在问卷做完后，主试再一次强调问卷结果的保密性，同时检查每份问卷，确保被试没有漏题。

4.2.4　数据处理与统计分析思路

本研究所有的数据均采用 Filemaker 6.0 软件进行录入和管理。在录入数据过程中，由经过培训的心理学专业的硕士研究生分组录入，在录入完成后，录入人员交换检查数据，力求数据录入无误。数据经由 Filemaker 6.0 软件导出后，由 SPSS 21.0 进行初步处理和描述性统计分析。

4.3 结果

青少年社交自我知觉的描述性统计分析结果如表4-2所示。从均值可知，在所有的年级中，男生与女生的社交自我知觉均高于理论均值2（社交自我知觉得分范围1～4分）。对青少年总体均值进行单样本 t 检验，结果发现青少年社交自我知觉显著高于理论均值（$M = 2.71$，$SD = 0.44$，$t = 80.90$，$df = 2514$，$p < 0.01$）。分别对男生和女生进行单样本 t 检验，结果表明男生（$M_{男} = 2.69$，$SD_{男} = 0.45$，$t = 54.13$，$df = 1256$，$p < 0.01$）和女生（$M_{女} = 2.73$，$SD_{女} = 0.43$，$t = 58.68$，$df = 1201$，$p < 0.01$）社交自我知觉均显著高于理

论均值。

表 4-2　青少年社交自我知觉的描述性统计分析

		三年级	四年级	五年级	六年级	初一	初二	初三	高一	高二	高三	合计
男生	M	2.69	2.65	2.78	2.89	2.70	2.69	2.65	2.64	2.64	2.69	2.69
	SD	0.40	0.39	0.49	0.45	0.52	0.41	0.43	0.44	0.45	0.45	0.45
女生	M	2.71	2.85	2.69	2.86	2.81	2.67	2.75	2.74	2.67	2.73	2.73
	SD	0.39	0.34	0.43	0.40	0.38	0.51	0.37	0.45	0.43	0.46	0.43
合计	M	2.70	2.74	2.73	2.87	2.75	2.68	2.70	2.69	2.65	2.72	2.71
	SD	0.39	0.38	0.46	0.42	0.47	0.46	0.41	0.44	0.44	0.46	0.44

进一步采用 2（性别）×10（年级）多因素方差分析，考察青少年社交自我知觉的性别和年级差异，结果见表 4-3。结果表明，性别与年级的交互效应不显著（$p > 0.05$），但性别（$p < 0.05$）和年级（$p < 0.01$）的主效应显著。

表 4-3　儿童社交自我知觉的性别与年级差异的方差分析

	SS	df	MS	F	p
性别	5.73	9	0.64	3.31	.001
年级	1.00	1	1.00	5.19	.023
性别 × 年级	2.67	9	0.30	1.54	.127
残差	469.19	2439	0.19		
总体	18512.13	2459			

由于性别主效应显著，因此结合男生和女生社交自我知觉的总体均值可知，青少年群体中，女生社交自我知觉显著高于男生（$M_女 = 2.73$，$SD_女 = 0.43$；$M_男 = 2.69$，$SD_男 = 0.45$）。对社交自我知觉的年级差异进一步采用事后多重比较分析发现，在所有年级中，六年级学生的社交自我知觉显著高于其他年级的学生；高二年级学生的社交自我知觉低于五年级和初一年级的学生。结合图 4-1 可知，在整个青少年期，六年级学生的社交自我知觉得分最高，高二年

级可能是社交自我知觉得分的低谷。

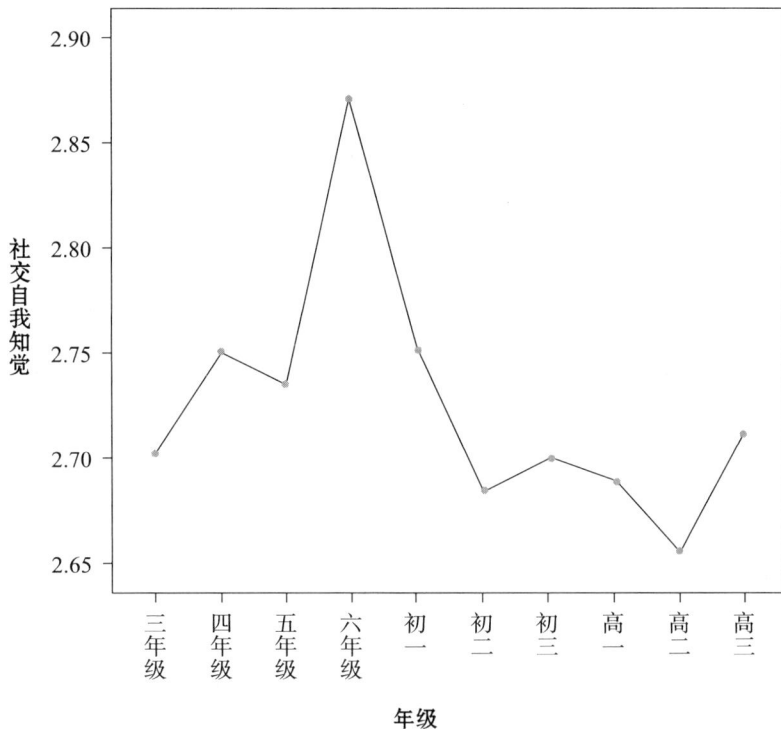

图 4-1　青少年社交自我知觉的年级差异

4.4 讨论

本研究结果表明，青少年社交自我知觉存在显著的性别差异，女生高于男生。这一研究结果支持了研究假设，并得到较多研究结果的支持。如有研究发现，相对男生，女生在评价自己的社会能力方面表现得更自信（Marsh et al.，2002）。年级和性别两因素交互效应不显著，说明在整个青少年阶段，女生的社交自我知觉均要好于男生。由此可见，社交自我知觉的性别差异具有跨年龄的稳定性。这种结果可能是受到青少年生理发展特点的影响。研究普遍证实，女生的生理发展早于同龄的男生。同龄女生相对更成熟，更能准确地把握与同伴、老师和父母之间的微妙关系。女生在学习上也表现更出色，更容易受到家长、老师的赏识，女生的行为也更符合规范，更容易被同学视为榜样，女生也因此常常成为班集体中的班干部。这就让女生比男生有更多的机会习得和表现自己的社交技能。另外，由于社会文化特别要求女生承担表达性角色（Twenge，1997），因此在交往过程中，女生的感情通常更为细腻，更愿意表达自己的情感（Shaffer，2001）。当同伴在遇到困难或需要帮助的时候，女生往往比男生更容易发现同伴的需求，并会及时提供力所能及的支持和帮助。由于本研究的结果基于横断研究设计，要进一步考察性别差异，还需要采用长期的追踪研究设计。

年级的差异分析结果表明，在小学阶段三年级至五年级学生的社交自我知觉不存在显著差异，而六年级儿童的社交自我知觉显著高于其他所有年级。这一结果表明，小学阶段的社交自我知觉有增长的趋势，并且在六年级达到了顶峰，到初一时显著下降，并且在整个初中和高中阶段都保持稳定。这一研究结果与以往的部分研究结果一致。例如，一项为期三年的追踪研究发现，从小学三、四年级到五、六年级，儿童三年间社交自我知觉有显著的上升趋势（赵冬梅，2007；周宗奎等，2015）。但是，本研究的结果也与一些研究的结果不一致，例如，研究者们认为，童年期儿童的社交自我知觉发展较为稳定，从幼年期到青年早期，刚开始是处于下降的趋势（二年级至九年级），此后趋于平稳，然后从18岁开始，再不断上升直至成年早期（Marsh，1989）。由于横向研究设计的不足，对这种不一致无法进一步分析原因。所以，要进一步考察前人研究中的矛盾结论，有必要采用追踪研究设计，进一步深入考察青少年社交自我知觉的发展变化趋势。

4.5 小结

本研究的结果表明：

（1）儿童及青少年社交自我知觉的整体水平相对较高。

（2）整体上，女生社交自我知觉显著高于男生。

（3）在小学阶段，三年级至五年级社交自我知觉无明显的变化趋势，表现得较为稳定；六年级，社交自我知觉有显著增长，并且达到整个青少年时期的顶峰；初一，社交自我知觉显著下降，并在随后的初中和高中阶段保持相对稳定的状态。高二年级可能是社交自我知觉发展的低谷，高二学生的社交自我知觉得分显著低于五年级、六年级和初一的学生。

\ 第五章 \ **儿童社交自我知觉与同伴交往的关系**

5.1 引言

  通过文献综述可知，儿童对自己社交能力的积极评价可能并不是基于实际情况的。这说明，儿童对同伴关系的乐观程度可能对其社交自我知觉具有较为重要的影响。此外，同伴交往中，不同社交地位的儿童对自身社交能力的评价也可能存在一定的差异。同时，作为儿童同伴交往中重要的一部分，其与最好朋友之间的友谊质量可能也会对儿童的社交自我知觉存在一定的影响。很多研究者探讨了同伴交往与社交自我知觉的关系，他们普遍认为同伴交往变量与社交自我知觉之间可能并不是一种单向影响关系，而是一种双向影响关系。也就是说，同伴交往变量影响社交自我知觉，同时，社交自我知觉反过来也会影响同伴交往变量。

  因此，在前人研究的基础上，本研究采用问卷法，考察小学三年级至六年级儿童同伴交往变量（同伴乐观、友谊质量、社交地位等）对儿童社交自我知觉的影响。此后，采用为期一年的纵向追踪，对三年级、四年级和五年级儿童在一年后进行再次测量，进一步考察同伴交往变量与社交自我知觉之间的关系，试图通过纵向的设计，考察变量之间的相互影响作用。研究假设如下：高社交地位儿童社交自我知觉得分高于其他儿童；同伴乐观、友谊质量、同伴积极提名和消极提名均可显著预测社交自我知觉；同伴交往变量与社交自我知觉相互影响。

5.2　研究方法

5.2.1　研究对象

本研究采用随机整群抽样的方法，抽取武汉市某小学三年级至六年级的580 名儿童为研究对象。其中，三年级、四年级和六年级分别抽取两个班级，五年级抽取三个班级，共九个班级。最终 569 名儿童完成了问卷调查，其中男生 310 人，女生 259 人；三年级 123 人，四年级 121 人，五年级 198 人，六年级 127 人。

在此基础上，于第二年对部分被试（三年级、四年级和五年级）再次施测。这时，他们分别升入四年级、五年级和六年级。共有 425 名儿童参加了第二次测试，其中男生 231 人，女生 194 人。追踪被试三年级 115 人，四年级 119 人，五年级 191 人。其余同学因转学或其他原因而未参加追踪测试。

5.2.2　研究工具

儿童能力自我知觉量表　同 4.2.2 节。

同伴提名　给儿童提供一份班级名单表，要求他们在问卷上填上自己在班内最喜欢的 3 个同学和最不喜欢的 3 个同学。然后计算每个学生被他人提名的积极分数和消极分数，并在班级内标准化，二者之差为社会喜好（sp）分数，即受欢迎程度。在此基础上将儿童的社交地位分为三组：高接纳组（sp > 0.5）、一般接纳组（-0.5 ≤ sp ≤ 0.5）和低接纳组（sp < -0.5）。

同伴乐观　采用德普图拉等人编制的同伴生活定向测验问卷（peer life orientation test，PLOT）测量儿童的同伴乐观。德普图拉等人（Deptula，Cohen，Phillipsen，et al.，2006）在生活定向问卷修订版的基础上编制了同伴生活定向测验，用于测量三年级至六年级儿童的同伴乐观水平。PLOT 问卷采用自我报告的测量方法，共有 10 道题，采用 4 点李克特计分，回答从"非常赞同"到"非常不赞同"。问卷反映的是儿童对同伴关系好坏的乐观和悲观期望，积极题目上的总得分即是乐观的分数，消极题目上的总得分是悲观的分数。积极题目的分数和消极题目的反向计分分数相加即是同伴乐观的总分。

  友谊质量问卷 友谊质量问卷（friendship quality questionnaire）用于评价与最好朋友的友谊质量。该量表共 18 个项目，是 40 项的友谊质量问卷（Parker & Asher，1993）的简表。它选用了原量表六个友谊维度（肯定与关心、帮助与指导、陪伴与娱乐、亲密袒露与交流、冲突解决策略、冲突与背叛）中负荷最高的三个。赵冬梅和周宗奎（2006）采用回译程序得到中文项目，经试用将前五个维度分数合为积极友谊质量分数，而冲突与背叛为消极友谊质量分数。将积极友谊质量的标准分数减去消极友谊质量的标准分数得到友谊质量总分。以往的研究发现，中国儿童群体中，友谊质量简版问卷的内部一致性信度为 0.83（赵冬梅、周宗奎，2006）。

5.2.3 研究过程

  同 4.2.3 节。

5.2.4 数据处理与统计分析思路

  同 4.2.4 节。

5.3 结果

5.3.1 不同社交地位儿童的社交自我知觉

  不同社交地位儿童社交自我知觉的描述性统计分析结果如表 5-1 所示。从表 5-1 可知，低接纳组和一般接纳组的社交自我知觉差异较小，而高接纳组社交自我知觉相对较高。

表 5-1　不同社交地位儿童社交自我知觉的描述性统计分析

社交地位	N	M	SD	Min	Max
低接纳组	155	2.70	0.46	1.50	4.00
一般接纳组	207	2.70	0.44	1.67	3.83
高接纳组	207	2.86	0.36	1.67	4.00
总计	569	2.76	0.43	1.50	4.00

进一步采用单因素方差分析对不同社交地位儿童社交自我知觉进行差异检验,结果发现,三组儿童社交自我知觉存在显著的差异,结果如表 5-2 所示。

表 5-2　不同社交地位儿童社交自我知觉的方差分析

	SS	df	MS	F	p
组间变异	3.66	2	1.83	10.39	< 0.01
组内变异	99.61	566	0.18		
总变异	103.26	568			

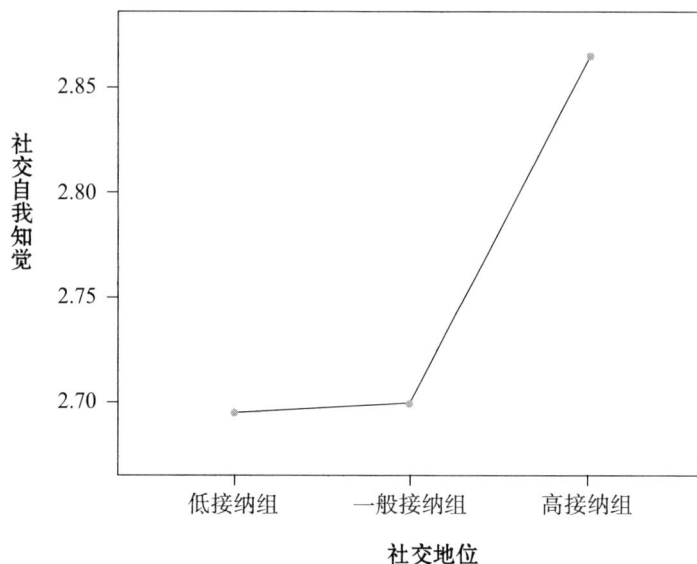

图 5-1　不同社交地位儿童的社交自我知觉

进一步的事后多重比较分析发现,高接纳组儿童的社交自我知觉显著高于一般接纳组和低接纳组儿童,但是一般接纳组和低接纳组儿童的社交自我知觉不存在显著的差异。结果如图 5-1 所示。

5.3.2 儿童的社交自我知觉与同伴交往变量的描述性统计分析及相关关系

儿童社交自我知觉及同伴交往变量的描述性统计分析结果如表 5-3 所示。

表 5-3 儿童社交自我知觉及同伴交往变量的描述性统计分析结果

	Min	Max	M	SD
社交自我知觉	1.50	4.00	2.76	0.43
友谊质量	0.56	4.00	2.85	0.65
同伴乐观	1.30	4.00	3.13	0.49
积极提名分数	-1.49	5.45	0.00	0.99
消极提名分数	-.071	6.45	0.00	0.99
社会喜好	-7.46	5.73	0.00	1.57

进一步采用皮尔逊积差相关对儿童社交自我知觉与同伴交往变量之间的关系进行相关分析,结果见表 5-4。结果发现,社交自我知觉与友谊质量、同伴乐观、积极提名分数和社会喜好之间存在显著的正相关关系。但社交自我知觉与消极提名分数之间不存在显著的相关关系。

表 5-4 儿童的社交自我知觉与同伴交往变量之间的相关矩阵

	社交自我知觉	友谊质量	同伴乐观	积极提名分数	消极提名分数	社会喜好
社交自我知觉	1					
友谊质量	0.16**	1				
同伴乐观	0.45**	0.40**	1			
积极提名分数	0.21**	0.23**	0.27**	1		
消极提名分数	-0.05	-0.11**	-0.15**	-0.24**	1	
社会喜好	0.16**	0.22**	0.26**	0.80**	-0.77**	1

注:*——表示 $p < 0.05$;**——表示 $p < 0.01$。下同。

5.3.3　儿童社交自我知觉对同伴交往变量的回归分析

为了进一步考察同伴交往变量对社交自我知觉的预测作用，本研究采用多元多层线性回归分析对数据进行进一步的分析。首先，将性别和年级作为人口学控制变量，采用恩特法纳入第一层变量。友谊质量、同伴乐观、积极提名分数、消极提名分数和社会喜好则采用逐步法，纳入第二层变量。回归分析结果见表 5-5。

表 5-5　社交自我知觉对同伴乐观和积极提名分数的回归分析

	F	R^2	ΔR^2	B	Beta	t	p
第一步	41.57	0.22	0.01				
性别				−0.07	−0.08	−2.07	0.04
年级				0.04	0.10	2.55	0.01
第二步							
同伴乐观			0.21	0.38	0.43	11.09	< 0.01
积极提名分数			0.01	0.05	0.10	2.70	0.01

结果发现，儿童同伴乐观和积极提名分数可以显著预测社交自我知觉。但是，从判定系数和回归系数可知，积极提名分数对社交自我知觉的预测效应较小，而同伴乐观的预测效应相对较大。

5.3.4　交叉滞后分析

5.3.4.1　追踪变量的相关关系

由于儿童交往变量与社交自我知觉可能存在相互的影响作用，本研究对追踪数据进行进一步的分析。皮尔逊积差相关分析结果如表 5-6 所示，结果表明，无论从横向关系还是纵向关系来看，同伴乐观、积极提名和友谊质量均与社交自我知觉存在显著的正相关关系。T1 时的消极提名与 T1 时的社交自我知觉相关不显著，但是与 T2 时的社交自我知觉存在显著的负相关关系。

表 5-6 同伴交往变量与孤独感的相关关系（T1 和 T2）

	社交自我知觉 T2	友谊质量 T2	同伴乐观 T2	积极提名 T2	消极提名 T2	社交自我知觉 T1	友谊质量 T1	同伴乐观 T1	积极提名 T1	消极提名 T1
社交自我知觉 T2	1									
友谊质量 T2	0.33**	1								
同伴乐观 T2	0.48**	0.37**	1							
积极提名 T2	0.27**	0.27**	0.22**	1						
消极提名 T2	-0.11*	-0.12*	-0.11*	-0.27**	1					
社交自我知觉 T1	0.42**	0.22**	0.33**	0.22**	-0.08	1				
友谊质量 T1	0.26**	0.45**	0.28**	0.21**	-0.13**	0.20**	1			
同伴乐观 T1	0.41**	0.30**	0.44**	0.22**	-0.18**	0.49**	0.38**	1		
积极提名 T1	0.25**	0.31**	0.19**	0.69**	-0.22**	0.21**	0.25**	0.23**	1	
消极提名 T1	-0.11*	-0.19**	-0.12*	-0.22**	0.80**	-0.06	-0.15**	-0.21**	-0.23**	1
M	2.74	3.89	1.78	0.01	0.00	2.72	2.85	3.13	0.01	-0.02
SD	0.5	0.71	0.48	1	1.01	0.42	0.66	0.49	0.99	0.96

5.3.4.2　儿童社交自我知觉与同伴交往变量的相关影响

在相关分析的基础上，采用交叉滞后回归分析的方法，探讨儿童同伴交往变量对一年后社交自我知觉的预测作用，结果如图 5-2、图 5-3、图 5-4、图 5-5 所示。

结果表明，前测的友谊质量可以显著预测一年后的社交自我知觉，前测的社交自我知觉也可以显著预测一年后的友谊质量，说明友谊质量与社交自我知觉之间是一种相互影响的作用关系。结果也发现，前测同伴乐观可以显著预测一年后的社交自我知觉，前测社交自我知觉也可以显著预测一年后的同伴乐观，说明同伴乐观与社交自我知觉也是一种相互影响的作用关系。

进一步的研究发现，前测积极同伴提名和消极同伴提名均可以显著预测一年后的社交自我知觉，但是前测社交自我知觉对一年后的积极同伴提名和消极同伴提名均无显著的预测作用，结果表明，积极同伴提名和消极同伴提名对社交自我知觉是单向的影响关系。此外，在四个交叉滞后分析中，社交自我知觉具有较高的稳定性，即前测社交自我知觉可以显著预测一年后的社交自我知觉。

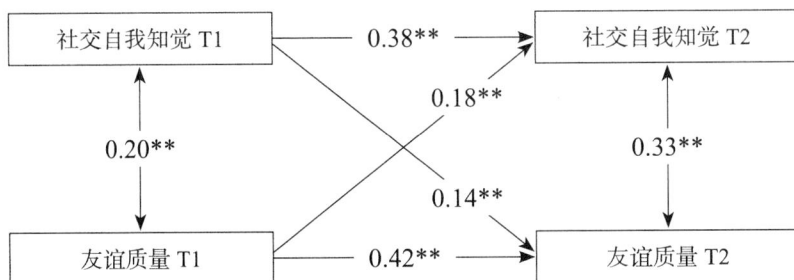

图 5-2　友谊质量与社交自我知觉的交叉滞后回归分析图

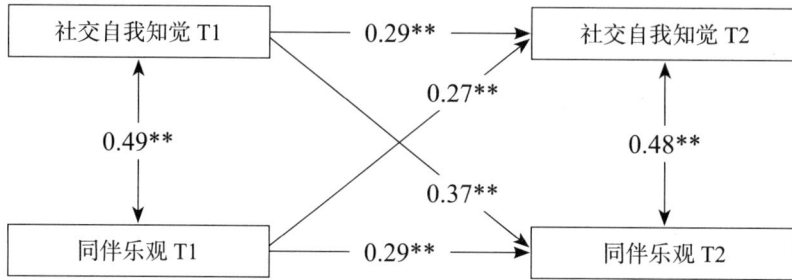

图 5-3　同伴乐观与社交自我知觉的交叉滞后回归分析

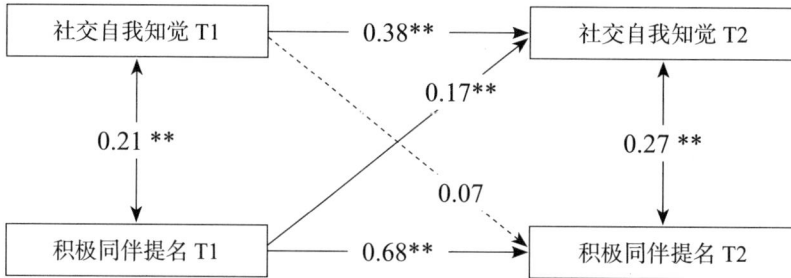

图 5-4　积极提名与社交自我知觉的交叉滞后回归分析

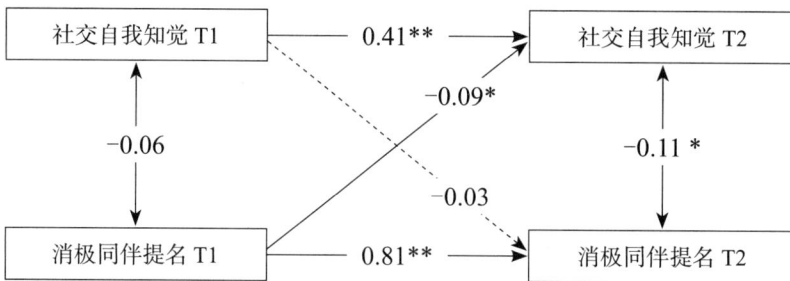

图 5-5　消极提名与社交自我知觉的交叉滞后回归分析

注：双箭头实线表示变量之间相关显著。单箭头实线表示回归系数显著，虚线表示回归系数不显著。

5.4 讨论

社交地位反映了儿童在同伴群体中受接纳的程度,研究发现,受同伴欢迎的儿童社交自我知觉水平较高。进一步考察同伴交往变量中同伴乐观、友谊质量、积极提名和消极提名对儿童社交自我知觉的影响作用,结果发现,友谊质量和消极提名的预测效应不显著。同伴乐观的预测效应最大,其次是积极提名。可见对同伴关系的乐观程度对儿童评价自身社交能力的影响较大。研究结果也说明了,客观的同伴提名和与最好朋友的主观友谊质量的评价对儿童自身的社交能力评价影响较小。然而,追踪研究发现,同伴交往变量(同伴乐观、友谊质量、积极提名和消极提名)均可显著预测一年后的社交自我知觉。这一结果表明,友谊质量、消极提名对社交自我知觉的影响可能有滞后性。此外,追踪研究表明,同伴乐观、友谊质量与社交自我知觉是相互影响的作用机制,但是积极提名和消极提名对社交自我知觉的影响是单向的。

社交自我知觉与同伴交往之间的相互影响得到不少研究的支持。例如研究发现,自我知觉较低的 5 岁儿童往往容易被老师评定为同伴接纳和社会适应较差的孩子(Verschueren & Marcoen,1999)。进一步的追踪研究发现,这些孩子到了 8 岁时,他们自己仍然感到难以被同伴接纳,并且自我知觉变得更差(Verschueren et al.,2001)。由此可见,同伴接纳是影响儿童社交自我知觉的一个重要因素。这一结论也得到一些研究结果的支持,例如,研究表明,4 岁时儿童的同伴接纳可以显著影响 7 岁时儿童的自我知觉,这种影响作用尤其体现在女孩身上(Nelson et al.,2005)。研究也发现,初始的互选朋友数量和同伴评定得分能够显著正向预测社交自我知觉的总体均值(赵冬梅,2007)。受欢迎的儿童对自己的社交自我知觉有着积极的评价(Boivin & Begin,1989)。同伴接纳之所以影响社交自我知觉可能是因为儿童把不被同伴接纳解释为一种同伴交往过程中他人的消极反馈,从而进一步降低自我知觉。

特别需要注意的是，无论是同伴积极提名还是消极提名，对社交自我知觉的影响都是单向的。也就是说，同伴的积极提名和消极提名是儿童对自己社交能力评价的影响因子。这可能是因为积极提名和消极提名均具有较高的稳定性，它们不太容易改变，所以对社交自我知觉的影响相对也就较小了（回归系数小于 0.17），反之，社交自我知觉对它们的影响也会较小。

5.5 小结

本研究的结果表明：

（1）同伴接纳高分组儿童的社交自我知觉显著高于一般接纳组和低分组儿童，但是一般接纳组和低接纳组儿童的社交自我知觉不存在显著的差异。结果说明，高接纳组儿童对自己的社交能力评价相对较高。

（2）横向研究结果发现，友谊质量和消极提名对儿童社交自我知觉的预测效应不显著，而同伴乐观对社交自我知觉的预测效应最大，积极提名的预测作用相对较小。纵向追踪结果表明，同伴交往变量（同伴乐观、友谊质量、积极提名和消极提名）均可以显著预测一年后的社交自我知觉。这一结果表明，友谊质量、消极提名对社交自我知觉的影响可能有滞后性。

（3）交叉滞后分析还发现，同伴乐观、友谊质量与社交自我知觉是相互影响的作用机制，但是积极提名、消极提名对社交自我知觉是单向的影响作用。

\ 第六章 \ 儿童社交自我知觉的发展变化特点：
三年追踪研究

6.1 引言

　　大量的追踪实证研究普遍证明童年早期、中期的社交自我知觉具有下降的趋势，而童年中后期儿童的社交自我知觉则具有显著的增长趋势（Bosacki，2015）。但是现有的研究主要从变量中心视角考察儿童社交自我知觉的整体发展趋势，这种研究取向忽略了发展变化的个体差异。因此，为了进一步考察中国文化背景下童年中后期儿童社交自我知觉的发展变化特点，以及这种发展变化特点是否存在异质性的组别，有必要采用追踪研究设计对儿童社交自我知觉的发展变化特点进行研究，以探索长期困扰人们的社交自我知觉发展规律的问题。

　　此外，研究普遍证明社交自我知觉在童年期存在显著的性别差异，本研究也证实了这一结论。但是，现有的研究结果主要基于横向设计的分析，缺乏追踪研究结果的证实。这种"女生优势"是否持续于整个小学阶段有待更多的研究去探讨。相关研究问题包括：女生社交自我知觉稳定高于男生吗？女生社交自我知觉与男生社交自我知觉的发展变化速率相同吗？如果儿童社交自我知觉的发展变化趋势存在异质性的组别,那么这种组别是否存在性别差异?

鉴于此,我们采用追踪研究设计的方法,对小学三年级和四年级儿童进行为期三年的追踪,在探索儿童社交自我知觉发展变化特点的基础上分析这种变化特点的异质性,同时进一步考察其中的性别差异。基于前述研究的综述,我们假设:社交自我知觉具有显著的增长趋势,并且这种发展变化可能存在异质性的群组;女生社交自我知觉得分显著高于男生,但发展变化轨迹不存在显著的性别差异。

$$6.2 \quad 研究方法$$

6.2.1　研究对象

采用随机整群抽样法,在武汉市某小学三年级和四年级中各抽取两个班级的学生参与问卷调查。四个班级共 279 名儿童参加追踪研究并完成三次社交自我知觉问卷,其中男生 152 人,女生 127 人;三年级 142 人,四年级 137 人。

6.2.2　研究工具

儿童能力自我知觉量表　同 4.2.3 节。

6.2.3　研究过程

同 4.2.3 节。

6.2.4　数据处理与统计分析思路

本研究所有的数据均采用 Filemaker 6.0 软件进行录入和管理。在录入数据过程中,由经过培训的心理学专业的硕士研究生分组录入,在录入完成后,交换检查数据,力求数据录入无误。数据经由 Filemaker 软件导出后,由 SPSS

21.0 进行初步处理和简单的描述性统计分析。此后，采用 MPLUS 7.0 对数据进行线性潜变量增长模型和潜变量混合增长模型分析，考察儿童社交自我知觉的发展变化特点，并对这种发展变化特点进行异质性分组。

6.3 结果

6.3.1　描述性统计分析结果

儿童社交自我知觉的描述性统计结果如表 6-1 所示。从均值和标准差可以看出，随着年级的增长，儿童社交自我知觉具有增长趋势。

表 6-1　儿童社交自我知觉的描述性统计分析结果

		社交自我知觉 T1		社交自我知觉 T2		社交自我知觉 T3	
		M	*SD*	*M*	*SD*	*M*	*SD*
	男生	2.56	0.51	2.68	0.52	2.75	0.56
性别	女生	2.73	0.52	2.81	0.53	2.86	0.56
	合计	2.64	0.52	2.74	0.53	2.80	0.56

为了进一步考察儿童社交自我知觉在三次测量时的差异，以及这种差异是否存在性别差异，采用测量次数（3）× 性别（2）两因素混合设计方差分析对数据进行分析。其中，测量次数为组内变量，性别为组间变量。结果如表 6-2 所示。

表 6-2　社交自我知觉的测量次数和性别的方差分析

	SS	*df*	*MS*	*F*	*p*
测量次数	2.58	2	1.29	8.07	< 0.01
测量次数 × 性别	0.21	2	0.11	0.66	0.52
性别	3.05	1	3.05	5.61	0.02
误差（测量次数）	75.03	470	0.16	5.61	0.02

由表 6-2 可知，测量次数的主效应显著，性别的主效应显著，但测量次数

与性别的交互效应不显著。对测量次数的主效应进一步分析发现，初次测量的社交自我知觉与一年后的社交自我知觉存在显著的差异，表现为社交自我知觉显著的增长，而初次测量的社交自我知觉与两年后的社交自我知觉之间也存在显著的差异。

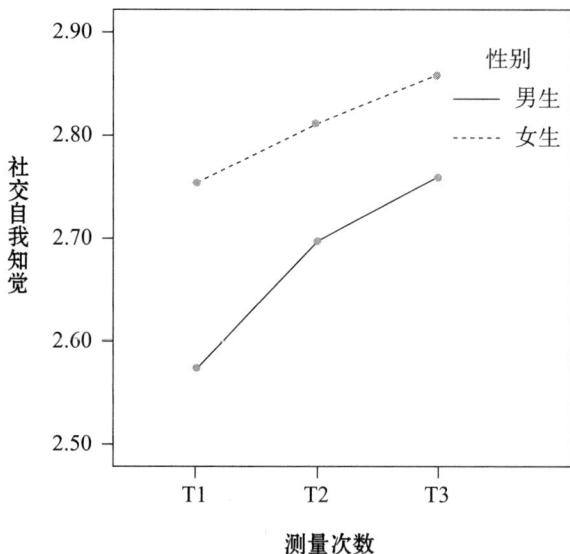

图 6-1　社交自我知觉在测量次数和性别上的差异图

但是一年后的社交自我知觉与两年后的社交自我知觉之间不存在显著的差异。结合交互效应不显著与测量次数的主效应显著可知，社交自我知觉有显著的增长趋势，表现为先快后慢的趋势。这种增长趋势不存在显著的性别差异。结果见图 6-1。

6.3.2　三次测量时间点儿童社交自我知觉之间的相关关系

采用皮尔逊积差相关对三次测量获得的社交自我知觉进行线性相关分析，结果如表 6-3 所示。结果表明，三次测量时间点获得的社交自我知觉之间均存在显著的正相关关系，反映了儿童社交自我知觉具有较强的稳定性，即初始时社交自我知觉较高的儿童在后期也会有较好的社交自我知觉。反之，也成立。

表 6-3　三次测量所得的社交自我知觉之间的相关关系

	社交自我知觉 T1	社交自我知觉 T2	社交自我知觉 T3
社交自我知觉 T1	1		
社交自我知觉 T2	0.47**	1	
社交自我知觉 T3	0.34**	0.56**	1

6.3.3　儿童社交自我知觉的发展变化特点

为了进一步考察儿童社交自我知觉的发展变化特点，首先，采用潜变量增长模型（latent growth modeling，LGM）对儿童社交自我知觉的发展变化趋势进行分析，考察是否存在显著的增长以及这种增长趋势是否存在显著的个体差异。其次，为了探讨儿童社交自我知觉的发展变化趋势是否存在异质群组，采用潜变量混合增长模型（latent growth mixture modeling，LGMM）对数据进行分析（Muthén & Muthén，2012）。

潜变量增长模型和潜变量混合增长模型均采用 MPLUS 7.0 软件进行分析，在分析时，采用极大似然估计法（MLR）处理缺失数据。这种缺失数据的处理方法得到研究者们的普遍认可（Schafer & Graham，2002；王济川，王小倩，姜宝法，2011），他们认为这种方法可以充分利用现有的观察数据，最大限度地弥补模型中的缺失值。

6.3.3.1　潜变量增长模型分析（LGM）

首先，构建线性无条件潜变量增长模型。模型图如图 6-2 所示。该模型是线性增长模型，仅需要估计斜率和截距，其中截距代表初始测量时儿童的社交自我知觉，因此将截距的路径固定为 1。斜率表示三次测量过程中儿童社交自我知觉的发展变化速度，根据测评的次数，分别设定为 0，1，2。模型分析结果表明，无条件线性潜变量增长模型具有良好的模型拟合结果。模型拟合结果如表 6-4 所示。

根据模型设置，可知模型的方程如下：

第一水平方程：$y_{ij} = \beta_{0i} + \beta_{1i}(\text{time}) + \varepsilon_{ij}$

第二水平方程：$\beta_{0i} = \gamma_{00} + \mu_{0i}$

$$\beta_{1i} = \gamma_{10} + \mu_{1i}$$

其中，y_{ij} 表示第 i 个儿童在第 j 次测量的社交自我知觉观测值，模型假设儿童社交自我知觉具有线性变化的趋势；β_{0i} 表示第 i 个儿童社交自我知觉三次测量的平均值；β_{1i} 表示第 i 个儿童社交自我知觉发展的斜率；ε_{ij} 表示第一水平的随机测量误差；γ_{00} 和 γ_{10} 分别表示截距和斜率的整体均值，用来描述总体的变化趋势，随机部分 μ_{0i} 和 μ_{1i} 分别表示截距和斜率的残差。

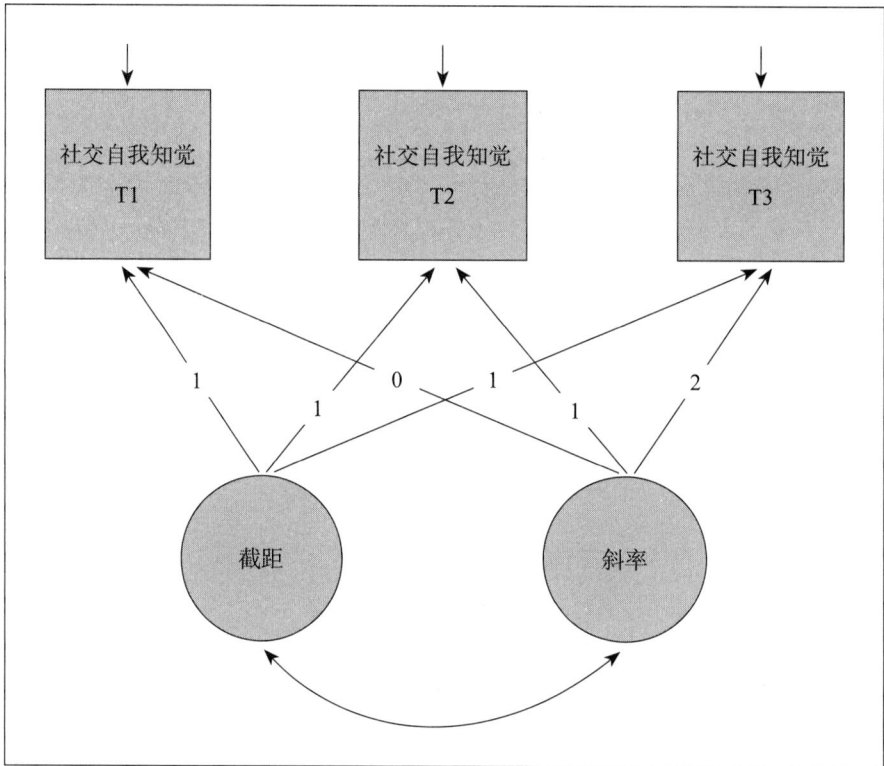

图 6-2　社交自我知觉线性无条件潜变量增长模型图

模型拟合结果表明，模型具有良好的拟合指标，说明社交自我知觉线性增长模型可以接受。模型结果分为固定部分和随机部分，结果见表 6-5。由固定部分可知，儿童社交自我知觉具有显著的线性增长趋势，增长斜率为 0.07（$p < 0.01$）。儿童初始测量时的社交自我知觉平均分为 2.65（$p < 0.01$）。截

距与斜率之间的协方差为 -0.002（$r = -0.05$），$p > 0.05$，说明截距与斜率之间不存在显著的相关关系。结果表明，儿童社交自我知觉的增长速率与儿童初始测量时的水平无关。

表 6-4　模型拟合指数

χ^2	df	χ^2/df	RMSEA	CFI	SRMR	TLI	AIC	BIC
0.39	1	0.39	0.00	1.00	0.01	1.02	1101.99	1131.04

随机部分的结果表明斜率与截距的方差均显著（斜率方差 $= 0.04$，$p < 0.01$；截距方差 $= 0.15$，$p < 0.01$），说明初始测量时儿童的社交自我知觉具有显著的个体间差异，同时也说明儿童社交自我知觉的增长速度也存在显著的个体间的差异。这个结果表明，儿童社交自我知觉的发展变化轨迹可能存在异质性，即不同儿童的社交自我知觉变化发展趋势可以划分为不同的组别。

表 6-5　社交自我知觉线性无条件潜变量增长模型参数估计结果

模型	固定部分		随机部分	
	斜率	截距	斜率	截距
系数	0.07	2.65	0.04	0.15
误差	0.02	0.03	0.02	0.03
标准误	3.85	86.59	2.73	4.88
p	0.00	0.00	0.00	0.01

6.3.3.2　潜变量混合增长模型分析（LGMM）

由于线性无条件潜变量增长模型的结果表明，儿童社交自我知觉的增长速度存在显著的个体差异，提示我们可能存在增长发展趋势的异质性群组。因此，我们进一步采用潜变量混合增长模型对数据进行分析。潜变量混合增长模型的分析主要采用探索性的方式。本研究中，首先设定 2 类模型、3 类模型、4 类模型、5 类模型和 6 类模型。通过模型的拟合指数，选择最能拟合数据的模型。模型拟合指数采用贝叶斯信息标准（bayesian information criteria，

BIC）、赤池信息标准（akaike information criteria，AIC）、校正贝叶斯信息标准（ABIC）、熵（entropy）和 lo-mendell-rubin 似然比率检验（LMR-LRT）。通过比较不同模型的拟合指数，选定最佳的组别数量（王济川等，2011）。正是因为混合模型分类标准存在一定的不确定性，因此，研究者们对分类准确性的标准进行了深入的探讨，并认为在混合模型分析中，模型选择是一个非常复杂的问题，他们建议 BIC 是选择模型首要考虑的指标（Muthén & Asparouhov，2007；Nylund et al.，2007；Vermunt & Magidson，2004）。

研究者应充分考虑模型的拟合与分类结果确定性之间可能存在的相悖关系，在满足一定样本量（至少 200）的前提下，首先考虑 BIC 指标，选出正确的分类模型，再通过熵值等选择分类确定性较高的模型。

表 6-6   社交自我知觉潜变量混合增长模型拟合指标

模型	AIC	BIC	ABIC	熵	LMR-LRT p	ALRT-LRT p
2 类模型	1080.38	1120.33	1085.45	0.86	0.00	0.00
3 类模型	1080.22	1131.05	1086.66	0.80	0.41	0.33
4 类模型	1077.75	1139.48	1085.58	0.74	0.60	0.16
5 类模型	1077.57	1150.20	1086.78	0.67	0.19	0.38
6 类模型	1077.36	1160.88	1087.94	0.73	0.40	0.36

模型拟合结果见表 6-6，结果表明，5 种模型中，2 类模型的 BIC 和 ABIC 指数最小，熵指数最高，并且 LMR-LRT 和 ALRT-LRT 的指数 p 值均小于 0.05。表明 2 类模型可能是最优的模型。其他四类模型，LMR-LRT 和 ALRT-LRT 的指数 p 值均大于 0.05，表明这几个模型并不优于前一个模型。但是，3 类模型的拟合指数与 2 类模型的拟合指数相比，AIC 指数更小，而 BIC 和 ABIC，熵指数也差异较小。结合各个类别的比率和人数（表 6-7）可知，3 类模型相对 2 类模型而言，类别较多，且最小的类别比率也达到了 4.3%。所以，综合考虑，3 类模型是最优模型，能够较好地区分不同组别。

表 6-7 社交自我知觉潜变量混合增长模型各个类别的人数和比率

模型类别	各发展轨迹组的人数及比率					
	1组	2组	3组	4组	5组	6组
2 类模型	19	260				
	0.07	0.93				
3 类模型	248	19	12			
	0.89	0.07	0.04			
4 类模型	209	17	48	5		
	0.75	0.06	0.17	0.02		
5 类模型	5.7	82.6	26	149.1	15.5	
	0.02	0.30	0.09	0.53	0.06	
6 类模型	1.6	113.9	47.8	5.2	93.6	16.9
	0.01	0.41	0.17	0.02	0.34	0.06

　　而 4 类模型、5 类模型和 6 类模型，在各个指数上均表现较差，同时，4 类模型中最小类别比率 1.8%，5 类模型中最小类别比率 2.1%，6 类模型中最小比率 0.6%。显然这种小比率的分类不具有实际的意义。

表 6-8 儿童社交自我知觉潜变量混合增长模型参数估计结果（3 类模型）

发展轨迹组别	模型参数	固定部分		随机部分	
		斜率	截距	斜率	截距
第一类高-慢增长组 248 人	系数	0.10	2.73	0.02	0.11
	误差	0.03	0.05	0.02	0.04
	标准误	3.84	54.98	1.03	2.55
	p	0.000	0.000	0.30	0.01

续表

发展轨迹组别	模型参数	固定部分		随机部分	
		斜率	截距	斜率	截距
第二类高 - 快降低组 19 人	系数	-0.44	2.56	0.02	0.11
	误差	0.06	0.18	0.02	0.04
	标准误	-7.15	14.27	1.03	2.55
	p	0.000	0.000	0.30	0.01
第三类低 - 快增长组 12 人	系数	0.50	1.75	0.02	0.11
	误差	0.14	0.19	0.02	0.04
	标准误	3.54	9.38	1.03	2.55
	p	0.000	0.000	0.30	0.01

综上，从模型拟合指数和不同类别的人数比率所能代表的实际意义来看，儿童社交自我知觉的增长可以分为三种类别。由表 6-8 和图 6-3 可知，儿童社交自我知觉的发展变化轨迹可以分为三种类型：（1）高 - 慢增长组所占人数最多，248 人，占比 88.9%。高 - 慢增长组的儿童社交自我知觉的增长速率显著，但增长速率较小（0.10）；（2）高 - 快降低组所占人数次之，19 人，占比 6.8%。高 - 快降低组的儿童社交自我知觉的降低速率显著，高 - 快降低组的儿童社交自我知觉降低速率大（-0.44）；（3）低 - 快增长组儿童所占人数最少，12 人，占比 4.3%。低 - 快增长组儿童的社交自我知觉增长速率显著，且增长速率最大（0.50）。

不同组别的发展斜率与截距之间的协方差均不存在显著的相关关系（协方差 = -0.02，p = 0.41 > 0.05）。结果表明，初始测量时的社交自我知觉水平高低与其发展速率不存在显著的相关关系，即初始水平不影响其发展速率。

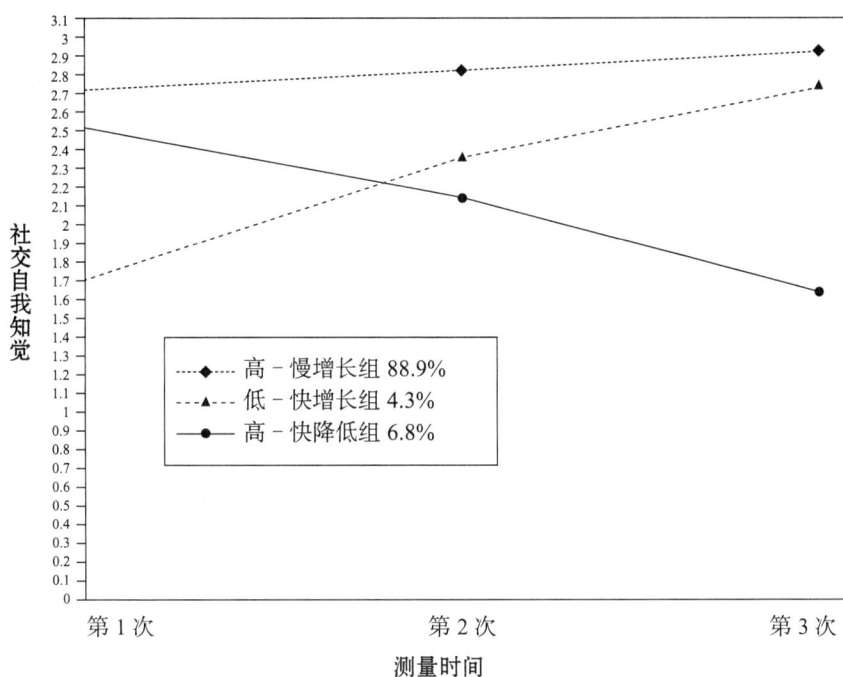

图 6-3　三类儿童社交自我知觉发展轨迹

6.3.3.3　不同儿童社交自我知觉发展轨迹组中的性别差异

为了进一步分析儿童社交自我知觉的性别差异，对不同组别的性别分布情况进行描述性统计分析，结果如表 6-9 所示。从表 6-9 可知，总体上，男生和女生在三个组别上的分布较为一致。进一步对不同发展轨迹组别中性别的分布情况进行卡方检验，结果发现，不同组别与性别之间不存在显著的关联（$\chi^2 = 0.10$，$df = 2$，$p = 0.95 > 0.05$）。此外，初始测量时不同年级儿童的发展轨迹组别也与性别不存在显著的关联（$\chi^2_{三年级} = 0.09, df = 2, p = 0.96 > 0.05$；$\chi^2_{四年级} = 0.11$，$df = 2$，$p = 0.95 > 0.05$）。

表 6-9 儿童社交自我知觉不同发展轨迹组中的性别分布（人）

初始测量年级	性别	组别			总计
		高-慢增长组	高-快降低组	低-快增长组	
三年级	男	73	7	3	83
	女	53	6	2	61
	合计	126	13	5	144
四年级	男	62	3	4	69
	女	60	3	3	66
	合计	122	6	7	135
总计	男	135	10	7	152
	女	113	9	5	127
	合计	248	19	12	279

由此可见，不同发展轨迹组别中性别的分布比率一致。总体上，高-慢增长组中，男生 135 人，女生 113 人；高-快降低组中，男生 10 人，女生 9 人；低-快增长组中，男生 7 人，女生 5 人。

6.4 讨论

6.4.1 儿童社交自我知觉的发展变化特点

本研究采用追踪研究设计的方法，对小学三、四年级儿童进行为期三年的追踪，在探索儿童社交自我知觉发展变化特点的基础上，分析这种变化特点的异质性，同时进一步考察其中的性别差异。研究发现，整体上，儿童社交自我知觉具有显著的增长趋势。但是进一步的分析发现，儿童社交自我知觉的发展变化特点存在异质性的分组。即儿童社交自我知觉的发展变化轨迹可以分为三个组别：高-慢增长组、高-快降低组和低-快增长组。高-慢增长组是指儿童在初始测量时具有较高的社交自我知觉水平，儿童社交自我知觉也具有显著的增长趋势，但是三年间的增长速率较为缓慢。这一种类型的儿童占据绝大部分，占所有儿童的 88.9%；高－快降低组是指儿童在初始测量时具有较高的社交自我知觉水平，儿童社交自我知觉具有显著的降低趋势，并且三年间的降低速率较快。这种类型的儿童占 6.8%。第三组是低－快增长组，是指儿童在初始测量时具有较低水平的社交自我知觉，但是儿童在三年间的增长速率较快。这种类型的儿童占 4.3%。

　　研究表明，虽然大部分儿童的社交自我知觉具有显著增长趋势，但是增长模式并不一致，主要体现在变化方向上。具体表现为大部分儿童的社交自我知觉显著增长，而少部分儿童显著下降。研究结果支持了儿童社交自我知觉的发展变化存在异质性群组的假设，也与前人的研究结果相一致。首先，儿童社交自我知觉整体上具有显著的增长趋势，这一结果与前人的一些研究结果具有较高的一致性。例如，追踪研究发现，儿童社交自我知觉有显著的上升趋势（Cole，1991；Cole et al.，2001；赵冬梅，周宗奎，2016；周宗奎等，2015）。本研究虽然发现大部分儿童的社交自我知觉在三年间有显著的增长趋势，但是增长较为缓慢（平均增长率为 0.12）。这一结果与国内的同类研究相似（如赵冬梅，周宗奎，2016），要低于采用同样测量工具进行研究的西方儿童的增长率（如，平均增长率为 0.67；Cole et al.，2001）。这一结果也支持了我们的假设，自我增强动机较弱的中国文化背景对儿童的社会化历程可能有一定的影响。此外，小学三年级至六年级儿童社交自我知觉整体上具有显著的增长趋势的研究结果与部分研究结果不一致，例如，研究者们认为，童年期儿童的社交自我知觉发展较为稳定，从幼年期到青年早期刚开始是处于下降的趋势（二年级至九年级），此后趋于平稳，然后从 18 岁开始不断上升直至成年早期（Marsh，1989）。这种不一致可能与文化背景有关。因为与本研究结果一致的研究是基于中国儿童的数据，而不一致的研究是基于美国儿童的数据。在中国特别注重人际交往的文化背景下，儿童在很小的时候就被父母、老师和长辈们教导如何与他人交往，也特别注重学习社交技能。因此，随着儿童社交技能的掌握以及与同伴交往的深入，他们对自己的社交能力的评价显著提升。

社交自我知觉发展变化的异质性群组的发现证明了儿童社交自我知觉可能存在个体间的差异（Cole et al., 2001）。社交自我知觉下降组的发现，反映了部分儿童可能由于受到社会文化因素中自我完善的影响，更为持续地关注自己的弱点，从而表现出对自己的社交能力评价越来越低的趋势。此外，这也有可能是随着年龄的增长，儿童对自己能力的评价开始从总体的评价向具体评价发展，他们通常会发现自己在某些领域具有较强的能力，而在另外一些领域的能力相对较弱。这一自我评价的分化，加上儿童通过社会比较进行自我评价的能力不断提高，导致部分儿童可能认为自己在社交领域的能力表现相对较弱，在其他领域表现较强。

总体而言，本研究虽然发现了三种类型的发展变化特点组，但是增长组的人数占绝大多数，而降低组仅有 4.3%。说明仅有小部分儿童的社交自我知觉在三年间是下降的。不过，虽然具有较小比率，但是下降组的儿童可能有着消极的同伴交往体验，会不断降低自己对自身社交能力的评价，最终可能导致一系列的社会适应问题。因此，发现这类儿童具有重要的意义。对这类儿童进行深入研究，分析他们的特点及相关的影响因素，便于人们尽快对这些儿童可能出现的社会适应问题进行干预。

6.4.2 儿童社交自我知觉发展变化特点中的性别特征

性别差异是本研究的重要研究内容之一。混合设计方差分析发现，儿童社交自我知觉存在显著的性别差异。进一步对儿童社交自我知觉发展轨迹组的性别分布的分析发现，不同发展轨迹组中的儿童性别分布一致。由此可见，三年级至六年级儿童社交自我知觉存在显著的性别差异，这种性别差异比较稳定。这一结果与以往的研究结果具有较高的一致性，如研究发现，在评价自己的社会能力方面，女生表现出更多的自信，评分较高（Marsh et al., 2002）。在儿童社交自我知觉发展的性别差异上，本研究的结果也与以往的结果较为一致，即由于儿童社交自我知觉的发展变化趋势不存在性别差异，在不同发展变化轨迹组别中也应该不存在性别差异（赵冬梅，2007；周宗奎等，

2015）。因此，研究结果证明了儿童的社交自我知觉女生稳定高于男生，同时女生的社交自我知觉与男生的社交自我知觉的发展变化特征较为一致。

儿童社交自我知觉的性别特征与人们对女生社交能力高于男生的刻板印象一致，这种刻板印象也与人们对女生在社交能力上有着更高的期许有关。儿童社交自我知觉的发展特征上并不存在性别差异，结果反映了不同性别群体存在三种不同的发展特征，表明部分女生也有下降趋势。所以，对儿童社交技能的干预应该关注这一部分女生。当然，由于研究对象的限制，本研究仅分析了小学儿童，没有进一步分析青少年社交自我知觉的发展变化特点以及其中的性别差异。今后的研究有必要延展研究对象的年龄，扩展人们对青少年社交自我知觉的认知。

本研究对提升儿童的社会适应有一定的启示：部分儿童（4.3%）社交自我知觉具有显著降低的发展趋势。这提醒老师、父母应该更关注这类儿童，并及时进行有效的干预。

6.5 小结

本研究的结果表明：

（1）整体而言，儿童社交自我知觉具有显著的增长趋势，但儿童社交自我知觉的发展变化特点存在异质性的分组。研究发现，儿童社交自我知觉的发展变化轨迹可以分为三个组别：高 - 慢增长组、高 - 快降低组和低 - 快增长组。高 - 慢增长组的儿童占据绝大部分，占所有儿童的 88.9%；高 - 快降低组的儿童占 6.8%。低 - 快增长组的儿童占 4.3%。

（2）儿童社交自我知觉存在显著的性别差异，进一步对儿童社交自我知觉发展轨迹组的性别分布的分析发现，不同发展轨迹组中的儿童性别分布一致。由此可见，三年级至六年级儿童社交自我知觉存在显著的性别差异，这种性别差异比较稳定。

\ 第七章 \ 儿童社交自我知觉对孤独感的影响

7.1 引言

社交自我知觉是个体对自己社交能力的主观评定，是一种内部的认知评估，因此与情绪适应有着密切的联系，特别是与孤独感有着稳定的关系。根据孤独环模型的观点，孤独感较高的个体往往容易感知到社会孤立（social isolation），由此引发内隐的个体对社会环境威胁的过度警觉。这种对社会威胁无意识的监控会导致认知偏差，孤独感较高的个体倾向于将社会交往看成是一种威胁，对社会交往持有更为负面的预期，并低估自己的社交能力。这种消极的认知偏差往往容易引发他人表现出与个体预期一致的行为，从而证实自我预期，最终启动自我验证预言（self-fulfilling prophecy），导致个体因主动远离潜在的交往对象而体验到更高水平的孤独（Cacioppo，et al.，2006；Hawkley & Cacioppo，2010）。这一理论观点反映了孤独感与社交自我知觉是一种相互影响的双向关系，它得到一些实证研究的支持。

虽然部分研究考察了孤独感对社交自我知觉的影响，例如，研究发现儿童孤独感对社交自我知觉具有显著的预测效应（Sletta，Valås，Skaalvik，et al.，1996），但是更多的研究者关注社交自我知觉对孤独感的影响。研究者们认为，儿童与同伴交往的成功经验可能导致他们积极评价自己的社交能力（Cole，1991），而这种积极的评价可以降低孤独感。社交自我知觉对孤独感的负向影响作用也得到大量实证研究的证实（李幼穗，孙红梅，2007；蔡春凤，周宗奎，2006；孙晓军，周宗奎，2007；孙晓军等，2009；赵冬梅，周宗奎，2006；赵冬梅，周宗奎，刘久军，2007）。社交自我知觉对孤独感影响的研究更多采用的是横向研究设计，即便有少部分采用纵向研究设计，它们关注的仍然是早期社交自我知觉水平高低对孤独感的影响。这一分析思路没有注意到社交自我知觉的动态变化以及孤独感会随着时间的变化而变化，而社交自我知觉同样也会随时间而发生变化。虽然有追踪研究结果表明，一年之间，社交自我知觉上升和不变组的儿童，一年后报告的孤独感显著降低，而社交自我知觉降低组的儿童，一年后报告的孤独感显著增强（赵冬梅，周宗奎，2006）。但是这一研究中，社交自我知觉发展变化的分组是基于一年的追踪数据，追踪时间较短，且此研究社交自我知觉的分组采用的是人为强制的分组，这种分组的前提是社交自我知觉存在三种不同的变化趋势。而社交自我知觉变化发展是否存在三种不同变化趋势，尚需进一步的研究发现。在第六章的研究中，我们发现儿童社交自我知觉的发展变化具有不同的亚组，可以分为高 - 慢增长组、高 - 快降低组和低 - 快增长组。这些不同社交自我知觉发展变化特征组别的儿童，三年间孤独感的变化是否一致？社交自我知觉的变化特征对孤独感的影响尚未得到进一步的研究。例如，社交自我知觉增长的儿童，他们孤独感会降低吗？社交自我知觉降低的儿童，孤独感会升高吗？

　　本研究的主要目的是在验证社交自我知觉对孤独感影响的基础上，进一步考察不同社交自我知觉发展变化特征对孤独感的影响。本研究拟通过三年的追踪，采用潜变量混合增长模型统计分析方法，在考察社交自我知觉发展变化存在异质性群组的基础上，进一步考察不同社交自我知觉发展变化的特征组别对孤独感的影响。据此，我们假设：社交自我知觉的增长将引起孤独感的降低，而社交自我知觉的降低将引起孤独感的增长。

7.2 研究方法

7.2.1 研究对象

采用随机整群抽样法，抽取武汉市某小学三年级至六年级的儿童进行问卷调查。每个年级随机抽取两个班级，共抽取八个班级，最终共有 515 名儿童完成了社交自我知觉量表和孤独感量表。其中三年级有 132 人，四年级有 132 人，五年级有 121 人，六年级有 130 人。男生有 286 人，女生有 229 人。

此后，对小学三年级和四年级的儿童进行为期三年的追踪，每隔一年进行再次测量。在第三次追踪测量时，他们分别升入了五年级和六年级。共有 244 名儿童（113 名女生，131 名男生）参加了三次追踪测验，并完成了社交自我知觉量表和孤独感量表。其中，参与追踪的三年级 119 人，四年级 125 人，分别流失了被试 13 人和 7 人。被试流失的主要原因是转学或未完成全部问卷。

7.2.2 研究工具

社交自我知觉量表 同 4.2.2 节。

孤独感量表 采用亚瑟等人（Asher, et al., 1984）年编制儿童孤独量表，该量表适用于小学高年级儿童，共有 16 个孤独项目（10 条指向孤独，6 条指向非孤独）和 8 个插入项目（因子分析表明插入项目与负荷于单一因子上的 16 个孤独条目无关）。儿童的孤独感得分为 16 个项目的平均分，得分越高，代表孤独感越强。该量表在国内得到广泛的应用，在本研究中的内部一致性信度为 0.93。

7.2.3 研究过程

同 4.2.3 节。

7.2.4　数据处理与统计分析思路

本研究所有的数据均采用 Filemaker 6.0 软件进行录入和管理。在录入数据过程中，由经过培训的心理学专业的硕士研究生分组进行录入，在录入完成后，交换检查数据，力求数据录入无误。数据经由 Filemaker 软件导出后，由 SPSS 21.0 进行初步处理和简单的描述性统计分析、回归分析。此后，采用 MPLUS 7.0 对数据进行潜变量混合增长模型分析，考察儿童社交自我知觉的发展变化特点并对这种发展变化特点进行异质性分组。最后，采用 SPSS21.0 进行多因素方差分析。

7.3　结果

7.3.1　描述性统计分析

描述性统计结果如表 7-1 所示。采用皮尔逊积差相关分析对社交自我知觉与孤独感进行相关分析，结果发现，社交自我知觉与孤独感之间存在显著的负相关关系（$r = -0.61$）。

表 7-1　孤独感与社交自我知觉的描述性统计分析表（T1；$n = 515$）

	社交自我知觉	孤独感
社交自我知觉	1	
孤独感	−0.61**	1
M	2.73	1.90
SD	0.51	0.81

7.3.2　孤独感对社交自我知觉的回归

进一步采用多元多层线性回归分析法，在控制性别和年级的影响后，以孤独感为因变量，社交自我知觉为自变量，进行回归分析。结果如表 7-2 所示。结果表明，在控制了性别和年级影响后，儿童社交自我知觉对孤独感具有显著的预测作用。

表 7-2 孤独感对社交自我知觉的回归分析（T1；$n = 515$）

	R^2	ΔR^2	Bate	t
第一步	0.06			
年级			-0.10	-2.76**
性别			0.07	2.01*
第二步	0.39	0.33**		
社交自我知觉			-0.59	-16.06**

7.3.3 社交自我知觉对两年后孤独感的影响

7.3.3.1 两年间社交自我知觉与孤独感的相关关系

采用皮尔逊积差相关，进一步考察第一次测量时儿童社交自我知觉和孤独感与两年后的社交自我知觉和孤独感之间的相关关系，结果如表 7-3 所示。结果发现，两年间的孤独感之间存在显著的正相关关系，两年间儿童社交自我知觉之间也存在显著的正相关关系。社交自我知觉与孤独感之间，在两个时间点之间均存在显著的负相关关系。

表 7-3 社交自我知觉与孤独感的相关矩阵（T1 和 T3；$n = 244$）

	社交自我知觉 T1	社交自我知觉 T3	孤独感 T1	孤独感 T3
社交自我知觉 T1	1			
社交自我知觉 T3	0.34**	1		
孤独感 T1	-0.57**	-0.42**	1	
孤独感 T3	-0.27**	-0.72**	0.45**	1
M	2.64	2.80	2.04	1.80
SD	0.56	0.52	0.82	0.75

7.3.3.2 孤独感对两年前社交自我知觉的回归分析

为了考察社交自我知觉对孤独感可能存在的长时效应，采用多元线性回归分析，以 T2 时的孤独感为因变量，在控制 T1 时的孤独感和性别变量的影响后，考察 T1 时的社交自我知觉的影响作用。第一层变量中，纳入性别，第二层变量中，纳入孤独感 T1，第三层变量中纳入社交自我知觉 T1。

多元线性回归分析结果见表 7-4，结果发现，孤独感 T1 对孤独感 T3 具有显著的预测作用，结果表明孤独感具有较高的稳定性。但是研究还发现，在控制了前测孤独感 T1 的影响之后，社交自我知觉 T1 的影响效应不显著，表明社交自我知觉对孤独感的影响可能不存在长时效应。

表 7-4　孤独感对社交自我知觉的回归分析（T1 和 T3；$n = 244$）

	R^2	ΔR^2	Bate	t
第一步	0.01			
性别			0.01	0.14
第二步	0.21	0.20**		
孤独感 T1			0.45	6.35**
第三步	0.21	0.00		
社交自我知觉 T1			-0.01	-0.11

7.3.4　不同社交自我知觉发展变化轨迹对孤独感的影响

由上述分析结果可知，儿童社交自我知觉对孤独感的影响可能更多体现在短期效应，长期效应不明显。那么，这是否意味着社交自我知觉对后期孤独感的影响不重要了呢？可能社交自我知觉本身也在发展变化，而这种发展变化可能对孤独感存在重要的影响。由第六章的研究可知，社交自我知觉存在三种发展模式。因此，本项研究将进一步考察不同社交自我知觉发展组别儿童在孤独感上的差异。不同社交自我知觉发展组别在孤独感上的描述性统计分析结果如表 7-5 所示。为了考察三组儿童三年来在孤独感上的发展变化是否存在显著的差异,分别采用2(测量时间)×3(社交自我知觉发展组别)混合设计方差分析对孤独感两次测量数据进行分析,其中组别为组间变量。

表 7-5　不同社交自我知觉发展变化组在孤独感上的描述性统计分析

社交自我知觉发展组别	孤独感 M±SD	
	T1	T3
低－快增长组	3.31±0.90	1.81±0.62
高－慢增长组	1.92±0.72	1.68±0.61
高－快降低组	2.71±0.87	3.26±0.79
总体	2.04±0.82	1.79±0.74

对孤独感的混合设计方差分析结果表明,测量时间的主效应显著[$F(1, 241)=17.03, p<0.01$],组别的主效应显著[$F(2,241)=39.09, p<0.01$],测量时间与组别的交互效应显著[$F(2,241)=26.86, p<0.01$]。结合图 7-1 进一步进行简单效应分析,结果发现,三组儿童两次测量的孤独感均具有显著的差异,[$F_{低-快增长组}(1, 241)=49.72, p<0.01; F_{高-慢增长组}(1, 241)=21.97, p<0.01; F_{高-快降低组}(1, 241)=9.09, p<0.01$]。由此可见,三年来,低－快增长组和高－慢增长组的孤独感均显著降低,而高－快降低组的孤独感则显著增加。简单效应分析还发现,初始测量时(T1),三组儿童的孤独感存在显著的差异[$F(2, 241)=27.08, p<0.01$],T3 测量时,三组儿童的孤独也存在显著的差异[$F(2, 241)=47.35, p<0.01$]。进一步多重比较发现,初始测量的孤独感,三组之间存在显著的差异,具体表现在低－快增长组>高－快降低组>高－慢增长组。T3 测量时,高－快降低组的孤独感显著高于其他两组,而低－快增长组和高－慢增长组之间不存在显著的差异。

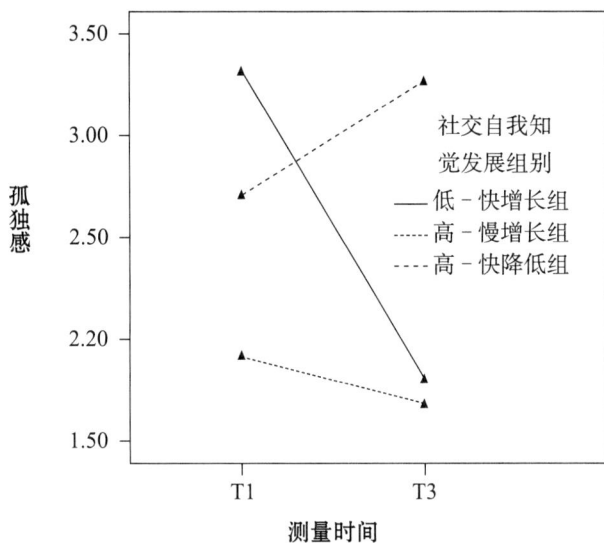

图 7-1 社交自我知觉不同发展组别在孤独感上的发展趋势

7.4 讨论

本研究发现，儿童社交自我知觉对当前的孤独感具有显著的预测效应。但是，在控制了前测孤独感的情况下，两年前的社交自我知觉对当前的孤独感不具有显著的预测效应。研究结果反映社交自我知觉对孤独感可能更多的是短期效应，而不是长期效应。

社交自我知觉对孤独感的影响得到以往大量研究者们的研究证实，例如，周宗奎等人（2003）的研究发现，相对客观的社交地位（社会喜好），主观的社交自我知觉对孤独感更具有预测力。这是因为进入小学阶段后儿童与同伴交往的机会显著增加，与同伴之间的关系变得日益重要，在对自己的社交状态进行比较的过程中产生的社交自我知觉更直接地影响了他们的孤独感。赵冬梅（2004）对小学儿童进行的研究发现，社交地位、友谊质量和社交自我知觉均可显著预测孤独感，但社交自我知觉对孤独感的独立解释量最大，其次是友谊质量，最后才是社交地位。由此可以见，社交自我知觉对孤独感的影响要显著高于其他同伴关系的客观测量指标。此后研究者们进行了大量的验证性的研究（蔡春凤，周宗奎，2006；赵冬梅，周宗奎，2006；赵冬梅等，2007；朱婷婷，2006），结果均表明社交自我知觉对孤独感具有显著的预测作用。例如，孙晓军等人（2009）的研究发现，社交自我知觉对孤独感具有显著的预测作用。相较客观的社会行为和同伴关系测量指标，社交自我知觉的预测力最大（孙晓军，周宗奎，2007）。

对于社交自我知觉对孤独感的影响，也有不少研究者们提出了一些理论解释。例如，认知过程理论（cognitive processes theory）认为儿童对同伴关系的评估是影响孤独感的重要因素（Terrell-Deutsch et al.，1999）。社交自我知觉是个体对自己社会能力的主观评定，是一种内部的认知评估，因此对孤独感具有独特的影响作用。因为儿童与同伴交往的成功经验可能导致他们积极评价自己的社会能力（Cole，1991a），而这种积极的评价可以减少孤独感体验。

然而，本研究发现，两年前的社交自我知觉对当前的孤独感不具有显著的预测效应。这一研究结果与以往的一些研究结果不一致。例如，孙晓军（2006）的追踪研究发现，在控制了社交自我知觉的影响后，前测的社会喜好和社会行为均不能显著预测后测的孤独感，但前测社交自我知觉和友谊质量均可以显著预测后测的孤独感。周宗奎和赵冬梅等人（2006）采用交叉滞后分析对追踪数据分析后发现，社交自我知觉可以显著负向预测一年后的孤独感。对于这种不一致，我们认为，上述的研究均是为期两年的追踪，即用一年前的社交自我知觉预测当前的孤独感，间隔时间较短。而本研究是为期三年的追踪，间隔时间较长。因此，社交自我知觉可能对当前的孤独感和一年后的孤独感具有显著的预测效应，但是，对于两年后的孤独感，可能不具有显著的预测效应。

对此，我们认为，可能两年间儿童社交自我知觉产生了变化，而不同的变化发展趋势对孤独感具有不同的影响效应。这一观点得到一些研究结论的支持，例如，赵冬梅（2004）对社交自我知觉动态的变化发展趋势分析结果表明，一年之间，社交自我知觉上升组和不变组的儿童，一年后报告的孤独感显著降低，而社交自我知觉降低组的儿童，一年后报告的孤独感显著增强。然而这一研究结果尚存两方面的不足。首先，追踪研究时间过短，仅有一年时间。其次，社交自我知觉发展变化趋势的分组过于简单，分组依据不明显。因此，本研究进一步考察了儿童社交自我知觉两年间的发展变化趋势对孤独感的影响作用。本研究发现，三年来，社交自我知觉低－快增长组和高－慢增长组的孤独感均显著降低，而高－快降低组的孤独感则显著增加。进一步的简单效应分析还发现，三组之间在初始测量的孤独感上存在显著的差异，具体表现在低－快增长组＞高－快降低长组＞高－慢增长组。T3测量时，高－快降低组的孤独感显著高于其他两组，而低－快增长组和高－慢增长组之间不存在显著的差异。这些结果表明，儿童孤独感将会随着社交自我知觉的变化而变化，如社交自我知觉增长，则孤独感显著降低，社交自我知觉降低，则孤独感显著增长。其次，儿童孤独感可能具有一定的可塑性，即无论初始测量时孤独感水平高低如何，三年后的孤独感水平主要受到社交自我知觉发展变化特点的影响。因为，若初始测量时孤独感较高，其社交自我知觉显著增长，则孤独感有显著降低的趋势；反之，若初始测量时孤独感相对较低，而社交自我知觉显著降低，则孤独感有显著的增长趋势。研究结果从纵向追踪的视角验证了社交自我知觉对孤独感的影响作用，同时也为采用社会认知的干预方法对儿童孤独感进行干预提供了较为重要的证据支撑。

本研究结果在赵冬梅（2004）的研究基础上，推进了社交自我知觉发展变化特点对孤独感的影响机制的探索，进一步证明了儿童社交自我知觉的发展变化速度对孤独感具有重要的影响作用，增长速度越快，孤独感降低得越快。同时，研究也揭示了孤独感具有一定的可塑性，且社交自我知觉作为影响孤独感的核心变量，对孤独感具有重要的影响。本研究与以往的一些研究（Zhang et al.，2014）共同为儿童孤独感的干预提供了较为可靠的证据，反映了社交自我知觉作为社会认知的重要部分，对其进行干预，可以有效降低儿童的孤独感（Hawkley & Cacioppo，2010；Masi，Chen，Hawkley，et al.，2011）。

社交自我知觉的发展变化特点预测了儿童后期的孤独感的变化，表明社交自我知觉对孤独感具有重要的预测作用，对社交自我知觉进行干预，可以显著降低儿童的孤独感。结合本研究的发现和以往的研究结果（Zhang et al.，2014），我们认为，可以通过改变儿童对社会威胁的敏感性、对消极社会信息的注意偏向和消极的社会期望来改变他们的社会认知。同时，可以为孤独感较高的儿童提供更多的社会交往机会，通过实际的交往训练，改变他们的社会认知。认知行为疗法是当前最为有效的干预方法之一，它教授孤独感较强的儿童发现自己存在消极思维，寻找否定性的证据，以减少这种偏差性认知，提高个体的自我控制感。当然，引导孤独感较强的儿童对自己的能力做出更为客观的甚至更为积极的评价，可以帮助他们有效对抗孤独感的袭扰。

当然，本研究还存在一定的局限性。首先，本研究的追踪时程相对较短，被试的年龄范围也较小，这导致相关研究结论的可靠性和可推广性较差。未来的研究应该增加追踪研究的时程，扩大取样范围。其次，基于自我报告和同伴提名的追踪研究，虽然能在一定程度上体现变量之间的因果关系，有效解决共同方法偏差，但是并不能确立社交自我知觉与孤独感的因果关系，研究更多体现的是预测效应。因此，需采用更为严谨的实验法来探讨社交自我知觉对孤独感的影响，以此提高研究结果的内部效度。最后，本研究并没有进行干预研究，相关研究的结论需要得到更多实证研究的证实。

7.5 小结

本研究的结果表明：

（1）儿童社交自我知觉对其当前的孤独感具有显著的预测效应。但是，在控制了前测孤独感的情况下，两年前的社交自我知觉对其当前的孤独感不具有显著的预测效应。研究结果反映了社交自我知觉对孤独感可能更多的是短期效应，而不是长期效应。

（2）进一步的研究发现，三年来，社交自我知觉低 - 快增长组和高 - 慢增长组的孤独感均显著降低，而高 - 快降低组的孤独感则显著增加。进一步的简单效应分析还发现，三组之间在初始测量的孤独感上存在显著的差异，具体

表现在低-快增长组＞高-快降低组＞高-慢增长组。后测数据结果发现，高-
快降低组的孤独感显著高于其他两组，而低-快增长组和高-慢增长组之间
不存在显著的差异。

（3）儿童孤独感将会随着社交自我知觉的变化而变化，并且儿童孤独感可
能具有一定的可塑性，即无论初始测量时孤独感的水平高低，三年后的孤独感
水平主要受到社交自我知觉的发展变化特点的影响。研究结果从纵向追踪的
视角验证了社交自我知觉对孤独感的影响作用，同时也为采用社会认知的干
预方法对儿童孤独感进行干预的研究提供了较为重要的证据支撑。

\ 第八章 \ 儿童社交自我知觉对社交退缩的影响

8.1 引言

　　由综述可知，大量研究普遍证实社交自我知觉可以显著预测社交退缩。社交退缩是指在交往场合中，儿童不跟其他人交往的行为表现（Rubin，Coplan，& Bowker，2009），是儿童同伴交往中普遍存在的一个现象（孙铃，陈会昌，单玲，2004）。有研究者（Rubin & Coplan，2010）区分了退缩的三种类型：活跃退缩（active withdrawal）、焦虑退缩（social reticence）和安静退缩（passive withdrawal）。其中，活跃退缩是指儿童由于具有攻击行为或控制力较差，遭受同伴的拒绝和孤立而不得不离开群体（这类儿童具有较高的社交趋近动机和较低的社交回避动机）；焦虑退缩则是指儿童因为害怕或焦虑而脱离同伴群体（这类儿童具有社交趋近动机和社交回避动机的冲突）；安静退缩是指儿童因为对社交不感兴趣而喜爱独自一个人玩耍（这类儿童具有较低的社交趋近动机）（孙铃等，2004；Rubin & Coplan，2010）。研究表明，安静退缩儿童由于对社交过度敏感而在群体外活动，这种类型的社交退缩与消极自我知觉相伴（Ladd，2006；Rubin，Hymel，& Mills，1989）。游志麒等人（2013）的研究发现，安静退缩儿童由于不能准确地评估自己的社交能力，从而表现出消极的自我认知、自我评价。因此，社交自我知觉的发展变化可能对安静退缩的变化产生一定的影响。然而，以往的研究很少从追踪的视角关注社交自我知觉的变化发展特点对社交退缩的影响，特别是对安静退缩行为的影响。

综上可知，以往的研究考察了社交自我知觉对社交退缩的影响作用，发现社交自我知觉可以显著负向影响社交退缩。在研究中，我们发现儿童社交自我知觉的发展变化具有不同的亚组，可以分为高 - 慢增长组、高 - 快降低组和低 - 快增长组。这些不同社交自我知觉发展变化特征组别的儿童，三年间的社交退缩变化是否一致呢？社交自我知觉的变化特征会对社交退缩产生怎样的影响？例如，社交自我知觉增长的儿童，他们的社交退缩会降低吗？社交自我知觉降低的儿童，他们的社交退缩会升高吗？本研究的主要目的是在验证社交自我知觉对社交退缩的影响的基础上，考察不同社交自我知觉发展变化特征对社交退缩的影响。根据安静退缩行为的特点，本研究重点考察社交自我知觉对安静退缩的影响作用。根据上述的论证，我们假设：社交自我知觉的增长将会降低儿童的安静退缩，社交自我知觉的下降将会增加儿童的安静退缩。

8.2 研究方法

8.2.1 研究对象

同 7.2.1 节。

8.2.2 研究工具

儿童能力自我知觉量表 同 4.2.1 节。

班级戏剧量表 班级戏剧量表是测量儿童社会行为方面信度、效度较高的工具，该问卷包括三个维度：社交 - 领导性（sociability-leadership）、攻击 - 破坏性（aggression-disruption）、社交敏感 - 孤立（sensitivity-isolation）。本研究采用赵冬梅等人（赵冬梅，周宗奎，孙晓军，et al.，2008）修订后的班级戏剧量表，修订后的量表包括 6 个因素：社交/领导性、受欺侮、被排斥、消极/孤立、关系攻击和外部攻击，修订后的问卷具有较好的信度和效度指标，并在国内的研究中得到广泛的运用。本研究选取问卷中的消极/孤立维度代表安静退缩得分。消极/孤立维度包含 4 个题目，分别为"他/她平时总是很伤心""他/她不愿意和别人一起玩，宁愿自己一个人玩""他/她感情容易受到伤害""非常害羞的人"。以往的研究者普遍采用这四个题目作为安静退缩的测量指标。在统计时，先计算每个题目上儿童被提名的次数，然后计算 4 个题目的平均被提名次数，最后在班级内转换成标准分（Z 分数），以此作为安静退缩的测量指标。本研究中，安静退缩维度的同质性信度为 0.87。

8.2.3　研究过程

同 4.2.3 节。

8.2.4　数据处理与统计分析思路

同 7.2.4 节。

8.3　结果

8.3.1　描述性统计分析

采用皮尔逊积差相关分析对社交自我知觉与社交退缩进行相关分析，结果发现，社交自我知觉与社交退缩之间存在显著的负相关关系。描述性统计结果如表 8-1 所示。

表 8-1　社交自我知觉与社交退缩的描述性统计分析

	社交自我知觉	社交退缩
社交自我知觉	1	
社交退缩	−0.18**	1

	社交自我知觉	社交退缩
M	2.73	0.02
SD	0.51	0.04

8.3.2　社交退缩对社交自我知觉的回归

进一步采用多元多层线性回归分析法，在控制性别和年级的影响后，以社交退缩为因变量，社交自我知觉为自变量，进行回归分析。结果如表 8-2 所示。结果表明，在控制了性别和年级影响后，儿童社交自我知觉对社交退缩具有显著的负向预测作用。

表 8-2　社交退缩对社交自我知觉的回归分析

	R^2	ΔR^2	Bate	t
第一步	0.04			
年级			0.05	1.22
性别			−0.23	−5.07**
第二步	0.08	0.04**		
社交自我知觉			−0.22	−4.81**

8.3.3　社交自我知觉对两年后社交退缩的影响

8.3.3.1　两年间社交自我知觉与社交退缩的相关关系

采用皮尔逊积差相关进一步考察第一次测量时儿童社交自我知觉和社交退缩与两年后的社交自我知觉和社交退缩之间的相关关系，结果如表 8-3 所示。结果发现，两年间的社交退缩之间存在显著的正相关关系，两年间儿童社交自我知觉之间也存在显著的正相关关系。社交自我知觉 T1 与社交退缩 T3 之间存在显著的负相关关系。

表 8-3　社交自我知觉与社交退缩的相关矩阵

	社交自我知觉 T1	社交自我知觉 T3	社交退缩 T1	社交退缩 T2
社交自我知觉 T1	1			
社交自我知觉 T3	0.34**	1		
社交退缩 T1	-0.24**	-0.05	1	
社交退缩 T3	-0.13*	-0.12	0.55**	1
M	2.65	2.80	0.02	0.03
SD	0.53	0.56	0.02	0.04

8.3.3.2　社交退缩对两年前社交自我知觉的回归分析

为了考察社交自我知觉对社交退缩可能存在的长时效应，采用多元多层线性回归分析，以 T3 时的社交退缩为因变量，在控制社交退缩 T1 和性别变量的影响后考察 T1 时社交自我知觉的影响作用。在第一层变量中纳入性别，在第二层变量中纳入社交退缩 T1，在第三层变量中纳入社交自我知觉 T1。回归分析结果见表 8-4。

多元线性回归分析发现，T1 时的社交退缩对 T3 时的社交退缩具有显著的预测作用，结果表明社交退缩具有较高的稳定性。研究还发现，在控制了前测社交退缩的影响之后，社交自我知觉 T1 的影响效应不显著，表明社交自我知觉对社交退缩的影响可能不存在长时效应。

表 8-4　社交退缩 T3 对社交自我知觉 T1 的回归分析

	R^2	ΔR^2	Bate	t
第一步	0.06**			
性别			-0.13	-2.39*
第二步	0.32**	0.27**		
社交退缩 T1			0.52	9.11**
第三步	0.32**			
社交自我知觉 T1			-0.03	-0.58

8.3.4　不同社交自我知觉发展变化轨迹对社交退缩的影响

由第六章的研究可知，社交自我知觉存在三种发展模式。因此，本项研究将进一步考察不同社交自我知觉发展组别儿童在社交退缩上的发展变化特点。不同社交自我知觉发展组别在社交退缩上的描述性统计分析结果如表 8-5 所示。为了考察三组儿童三年来在社交退缩上的发展变化是否存在显著的差异，采用 2（测量时间）×3（社交自我知觉发展组别）混合设计方差分析对社交退缩两次测量数据进行分析，其中组别为组间变量。

表 8-5　不同社交自我知觉发展变化组在社交退缩上的描述性统计分析

社交自我知觉发展组别	社交退缩	
	T1	T3
低－快增长组	0.05 ± 0.06	0.05 ± 0.02
高－慢增长组	0.01 ± 0.02	0.02 ± 0.04
高－快降低组	0.02 ± 0.01	0.05 ± 0.07
总体	0.02 ± 0.02	0.03 ± 0.04

对社交退缩的混合设计方差分析结果表明，测量时间主效应显著 [$F(1, 241) = 9.73$, $p < 0.01$]，组别的主效应显著 [$F(2, 241) = 7.84$, $p < 0.01$]，测量时间与组别的交互效应显著 [$F(2, 241) = 3.67$, $p = 0.03$]。

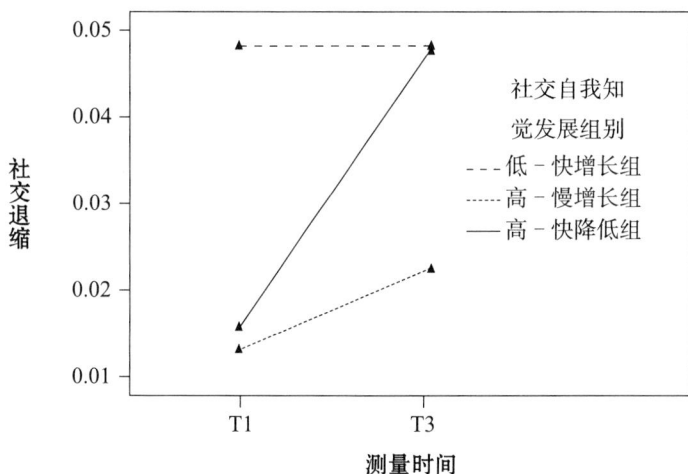

图 8-1　社交自我知觉不同发展组别在社交退缩上的发展趋势

进一步的简单效应分析发现，三年间，低－快增长组的社交退缩不存在显著的差异$[F(1, 241) = 0.00，p = 0.98]$，而高－慢增长组$[F(1, 241) = 17.04，p < 0.01]$和高－快降低组$[F(1, 241) = 13.66，p < 0.01]$的社交退缩均有显著的增加。简单效应分析还发现，初始测量时$[F(2, 241) = 17.89，p < 0.01]$和 T3 测量时$[F(2, 241) = 4.71，p = 0.01]$，三组的社交自我知觉均存在显著差异。进一步事后多重比较发现，初始测量时，低－快增长组的社交自我知觉显著高于其他两组，但高－慢增长组和高－快降低组之间不存在显著的差异。T3 测量时，低－快增长组和高－快降低组的社交自我知觉不存在显著的差异，但两组均显著高于高－慢增长组。

8.4 讨论

本研究横向数据分析结果表明社交自我知觉可以显著预测当前的社交退缩。纵向研究发现，初始测量时的社交退缩对两年后的社交退缩具有显著的预测作用，结果表明社交退缩具有较高的稳定性。本研究还发现，在控制了前测社交退缩的影响之后，初始测量时的社交自我知觉对两年后的社交退缩的影响效应不显著，表明社交自我知觉对社交退缩的影响可能不存在长时效应。进一步考察不同社交自我知觉发展变化组别儿童的社交退缩在三年间的变化是否存在显著的差异，结果表明，社交自我知觉增长，则儿童的社交退缩降低；社交自我知觉降低，则儿童的社交退缩增长。此外，初始测量时社交自我知觉水平较低组的儿童，其快速增长的社交自我知觉将显著降低其社交退缩水平。由此可知，本研究结果支持了研究假设，即社交自我知觉的降低将会导致更高水平的安静退缩，而较高水平的安静退缩儿童，即使其社交自我知觉提升也无法降低其退缩水平。这些结果表明，如果早期儿童安静退缩的水平较高，则此类退缩具有较高的稳定性，即使提升了这类儿童的社交自我知觉，也可能无法有效改善这一消极社交行为。然而，对于早期具有较低安静退缩水平的儿童而言，如果他们的社交自我知觉显著降低，那么他们的社交退缩水平也将显著增长。由此可见，社交自我知觉对安静退缩的影响可能是一种单向的过程，安静退缩行为在一定程度上是不可逆的。

本研究结果支持了社交退缩发展转换模型，并得到以往较多研究结论的支持。例如，研究发现，大部分社交退缩儿童不能准确评价同伴对自己的接纳程度（游志麒等，2013）。此外，研究还发现，社交退缩儿童可能存在社会信息认知加工的缺陷（刘爱书，于增艳，杨飞龙，等，2011），如编码的精确性较差（Harrist，Zaia，Bates，et al.，1997）。在童年中后期，社交退缩的儿童会表现出较差的社会认知能力（Harrist et al.，1997）。社交退缩儿童均表现出消极的自我认知、自我评价（Ladd，2006），如有研究者（Rubin & Mills，1988）认为，安静退缩是指儿童由于害羞、焦虑或者过度的社交敏感而在群体之外活动，这种类型的社交退缩与消极自我知觉相伴，这类儿童更可能产生内隐性性行为问题。追踪研究结果也表明安静退缩儿童具有较为消极的社交能力自我评价（Rubin et al.，1989）。由此，本研究结果反映了社会认知干预可能具有一定的预防作用，即提前对普通儿童进行认知干预、提高他们的社交自我知觉可以预防安静退缩行为的发生。值得注意的是，虽然大部分儿童社交自我知觉会增长，但是他们的社交退缩并没有显著改变。这可能是因为本研究考察的是安静退缩的儿童，这类儿童因为对社交不感兴趣而喜爱独自一个人玩耍，社交趋近动机较弱。安静退缩行为具有较高的稳定性，且与一些生理因素和人格特征有关（Rubin et al.，2009），社交自我知觉的影响效应相对较小。同时，儿童社交自我知觉的整体增长速度较为缓慢，最终导致社交退缩的减少不显著。对于这一解释可能需要更多的研究来证实。

本研究发现，社交自我知觉下降组儿童的社交退缩在三年间显著增长，说明社交自我知觉降低可能是社交退缩的风险因素。发现认知偏差导致儿童的安静退缩对社交退缩的预防具有一定的指导意义。这表明，在预防儿童安静退缩上，应该特别注重儿童的社会认知，对社交自我知觉评价有持续下降趋势的儿童，提前采用认知矫正的方法进行预防性的干预可能是防范安静退缩风险的有效途径。

当然，本研究还存在一定的局限性。首先，本研究的追踪时程仍然相对较短，被试的年龄范围也较小，这导致相关研究结论的可靠性和可推广性较差。未来的研究应该增加追踪研究的时程、扩大取样范围。其次，基于自我报告和同伴提名的追踪研究虽然能在一定程度上体现变量之间的因果关系，并且能够有效解决共同方法偏差，但是它更多显示的是预测效应，并不能够确立社交自我知觉与社交退缩的因果关系。因此仍然需要采用更为严谨的实验法来探讨社交自我知觉对安静退缩的影响，以此提高研究结果的内部效度。最后，本研究并没有进行干预研究，社交自我知觉的干预能够缓解儿童的安静退缩的观点主要基于追踪研究的统计分析结果，这一观点需要得到更多实证研究的证实。

8.5 小结

本研究的结果表明：

（1）社交自我知觉可以显著预测当前的社交退缩。纵向研究发现，初始测量时的社交退缩对两年后的社交退缩具有显著的预测作用，表明社交退缩具有较高的稳定性。研究还发现，在控制了前测社交退缩的影响之后，初始测量时的社交自我知觉对两年后的社交退缩的影响效应不显著，表明社交自我知觉对社交退缩的影响可能不存在长时效应。

（2）纵向分析结果表明，儿童的社交自我知觉增长则其社交退缩降低，儿童的社交自我知觉降低则其社交退缩增长。此外，初始测量时社交自我水平较低组的儿童，其快速增长的社交自我知觉将显著降低其社交退缩水平。这些结果说明，社交自我知觉的降低将会导致更高水平的安静退缩，而较高水平的安静退缩儿童，即使其社交自我知觉提升也无法降低其退缩水平。也就是说，如果早期儿童有较高水平的安静退缩，那么他们的退缩行为具有较高的稳定性，即使提升了他们的社交自我知觉，也无法有效改善这一消极社交行为。然而，对于早期具有较低安静退缩水平的儿童而言，如果他们的社交自我知觉显著降低，那么他们的社交退缩水平也将显著增长。由此可见，社交自我知觉对安静退缩的影响可能是单向的，安静退缩行为在一定程度上是不可逆的。

\ 第九章 \ 儿童同伴接纳知觉准确性与偏差的现状及其发展变化特征

9.1 引言

以往的研究发现，在童年中期的早期（5～8 岁），儿童通常高估自己的实际能力（Harter，2003）。然而，从童年中期到童年后期，随着儿童开始综合考虑各种与自己有关的积极信息和消极信息（Jacobs et al.，2003），他们逐渐能准确地评价自己（Salley et al.，2010）。这表明，儿童的自我知觉具有越来越准确的发展趋势。对于自我知觉准确性与偏差是否存在性别差异，以往的研究存在争议。有研究认为女孩的准确性高于男孩的准确性（Cillessen & Bellmore，1999），但也有研究发现不存在性别差异（Marsh et al.，1998），如研究发现，不论是对同性同伴还是异性同伴，儿童的社会行为知觉准确性均不存在显著的性别差异（Salley，Vannatta，Gerhardt，et al.，2010）。

目前还没有研究探讨儿童同伴接纳知觉偏差的发展。在自我知觉偏差的研究领域，已有研究考察了能力（如学业能力）自我知觉偏差。例如，一项为期 5 年的追踪研究发现（Bouffard et al.，2011），大部分儿童表现出了稳定的积极自我知觉偏差或具有从消极自我知觉偏差向积极自我知觉偏差发展的趋势，仅有 5.6% 的儿童表现出了持续的消极自我知觉偏差。童年期是儿童社会认知能力快速发展的重要时期，在这期间，他们开始通过社会比较来提高自我评价能力，随着处理复杂信息加工能力的发展，他们也将逐渐提高自我知觉的准确性。以往的研究结果表明儿童的同伴接纳知觉具有不同程度的准确性和偏差（Boivin & Begin，1989；Hymel et al.，1993），但对同伴接纳知觉准确性及偏差的年级与性别差异尚存一定的争议。因此，本研究以小学三年级到六年级的儿童为研究对象，考察儿童对不同性别同伴群体的同伴接纳知觉准确性及其在性别和年级上的差异。据此，我们假设：随着年级的增长，儿童对自己在不同性别同伴群体中的同伴接纳知觉越来越准确，且同伴接纳知觉准确性可能存在性别差异；随着年级的增长，儿童具有往积极同伴接纳知觉偏差发展的趋势。

9.2 研究方法

9.2.1 研究对象

本研究采用随机整群抽样法，抽取武汉市某小学三年级至六年级共 515 名学生为研究对象。在抽样时，每个年级分别在年级内随机抽取两个班级，共 8 个班级。班级人数在 57～67 人之间。由于在问卷调查时部分学生没有全部做完问卷，结果共有 498 人完成本研究所有问卷，因此有效被试为 498 人。其中，三年级 124 人，四年级 129 人，五年级 116 人，六年级 129 人；男生 278 人，女生 220 人。

此外，对小学三年级、四年级和五年级儿童进行为期一年的追踪研究。一年后，这些儿童分别升入四年级、五年级和六年级。参与追踪的学生共有 371 名，完成本研究所有问卷的被试有 367 人，因此本研究有效被试为 367 人。其中，男生 202 名，女生 165 名；三年级 122 人，四年级 129 人，五年级 116 人。

9.2.2 研究工具

同伴评定 给儿童一份班级名单，要求儿童给每位同班同学评分，用 1 到 6 这六个数字评定自己喜欢同学的程度，数字越大说明喜欢程度越高。用每位同学在班级内得到的总分除以班级人数减 1，所得的分数表示实际的同伴接纳水平。这一测量工具在国内外被广泛使用（Card，2010）。

知觉评定 知觉评定与同伴评定类似，差别在于需要评定的是预计他人对自己的喜欢程度，数字越大表明预计该同学越喜欢自己。将自己对同性别同伴的评定总分除以同性别同伴的人数，所得分数表示自己预测同性别同伴对自己的接纳水平，标记为预测同性接纳；同样，将自己对异性同伴的评定总分除以异性同伴的人数，所得分数表示自己预测异性同伴对自己的接纳水平，标记为预测异性接纳。

儿童能力自我知觉量表 同 4.2.2 节。

9.2.3 同伴接纳知觉准确性及偏差测量指标的计算

同性同伴接纳知觉准确性和异性同伴接纳知觉准确性的计算：依照以往研究采用的计分方法（Dunkel，Kistner，& David-Ferdon，2010；Kistner et al.，2006），将预测同性同伴接纳减去同性同伴评定接纳所得分数的绝对值作为儿童对同性接纳知觉准确性的测量指标；同样，将预测异性同伴接纳减去异性同伴评定接纳所得分数的绝对值作为儿童对异性同伴接纳知觉准确性的指标。准确性得分越接近于 0，表明准确性越高，而得分越高，准确性越低。

同伴接纳知觉偏差的计算：依照以往研究采用的计分方法（Kistner et al.，2006；McGrath & Repetti，2002），以社交自我知觉为因变量，同伴评定的实际接纳为自变量做回归，所得的标准化残差为知觉偏差的指标。得分为负数表示儿童系统性地低估自己的同伴接纳，得分为正数则表示儿童系统性地高估自己的同伴接纳。

9.2.4 数据处理与统计分析思路

主试为经过培训后的心理学专业研究生,以班级为单位进行团体施测,所有问卷均当场收回。采用Filemaker6.0软件对数据进行录入和管理,采用SPSS17.0进行数据的统计分析。

$\mathcal{9}.\mathcal{3}$ 结果

9.3.1 描述性统计分析

儿童同伴接纳知觉准确性与偏差的描述性统计分析结果如表9-1所示。为了考察儿童同伴接纳知觉准确性的年级和性别差异,分别以同性同伴接纳知觉准确性和异性同伴接纳知觉准确性为因变量,以年级和性别为自变量进行两因素的方差分析,结果如表9-2所示。

表 9-1　同伴接纳知觉准确性与偏差的描述性统计分析（M±SD）

	年级				性别	
	三年级	四年级	五年级	六年级	男生	女生
同性同伴接纳知觉准确性	0.47±0.31	0.42±0.29	0.32±0.23	0.29±0.22	0.37±0.27	0.38±0.28
异性同伴接纳知觉准确性	0.37±0.30	0.39±0.29	0.34±0.26	0.26±0.20	0.35±0.27	0.32±0.26
同伴接纳知觉偏差	-0.13±1.04	-0.19±1.06	0.27±1.01	0.10±0.82	-0.05±0.96	0.07±1.05

方差分析结果表明,同性同伴接纳知觉准确性不存在显著的性别差异,年级和性别的交互效应也不显著,但存在显著的年级差异。事后多重比较结果表明,三年级和四年级儿童在同性同伴接纳知觉准确性上的得分显著高于五年级和六年级儿童,而三年级和四年级之间无显著差异,五年级和六年级之间

无显著差异。结果表明儿童对同性同伴的接纳知觉总体上具有越来越准确的发展趋势。

表 9-2　同伴接纳知觉准确性的年级和性别差异分析

变异来源	同性同伴接纳知觉准确性					异性同伴接纳知觉准确性				
	SS	df	MS	F	p	SS	df	MS	F	p
年级	2.60	3	0.87	12.36	0.000**	1.20	3	0.40	5.80	0.001
性别	0.04	1	0.04	0.63	0.427	0.12	1	0.12	1.77	0.185
年级 × 性别	0.37	3	0.12	1.75	0.156	0.70	3	0.23	3.39	0.018
残差	34.40	490	0.07			33.68	490	0.07		
总体	106.92	498				92.68	498			

异性同伴接纳知觉准确性的年级和性别差异分析结果表明，年级的主效应显著，性别和年级的交互效应显著，结果如表 9-2 和图 9-1 所示。年级的事后多重比较分析结果表明，三年级和四年级儿童在异性同伴接纳知觉准确性上得分显著高于六年级儿童，但三年级、四年级和五年级儿童之间，以及五年级和六年级儿童之间均不存在显著的差异，总体上儿童对异性同伴的接纳知觉总体上具有越来越准确的发展趋势。

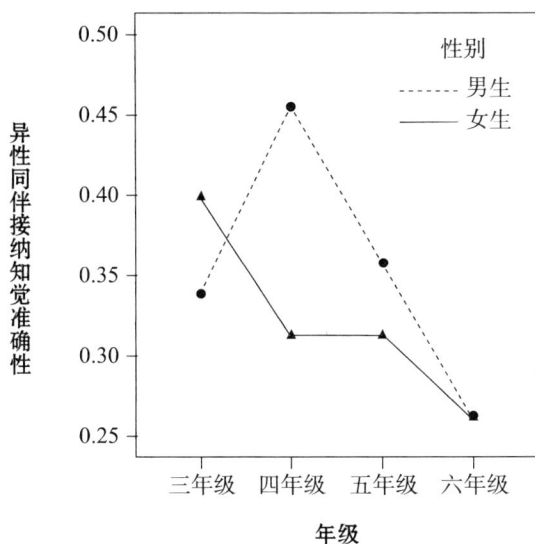

图 9-1　异性同伴接纳知觉准确性的年级和性别差异

对性别和年级的交互效应进行简单效应分析,结果发现四年级儿童的异性同伴接纳知觉准确性得分存在显著的性别差异[$F(1,490)=9.74$,$p<0.01$],男生得分显著高于女生($M_男=0.46$;$M_女=0.31$),其他年级则不存在显著的性别差异。结果表明四年级男生的异性知觉准确性显著低于女生(准确性得分越低,准确性越高),但其他年级则不存在显著的性别差异。

9.3.2 同伴接纳知觉偏差的年级和性别差异

以年级和性别为自变量,以儿童同伴接纳知觉偏差为因变量,进行两因素的方差分析,结果如表9-3所示。方差分析结果表明,同伴接纳知觉偏差的年级主效应显著,但性别的主效应和年级与性别的交互效应均不显著。进一步的分析结果表明,三年级和四年级儿童在同伴接纳知觉偏差上得分显著高于五年级和六年级儿童,而三年级和四年级儿童之间无显著差异,五年级和六年级儿童之间无显著差异。根据表9-1中各个年级同伴间的知觉偏差的均数可知,随着年级的增长,儿童的同伴接纳知觉偏差具有从消极往积极发展的趋势。

表 9-3 同伴接纳知觉偏差的年级和性别差异分析

变异来源	SS	df	MS	F	p
年级	16.23	3	5.41	5.61	0.001**
性别	1.60	1	1.60	1.66	0.198
年级 × 性别	6.28	3	2.09	2.17	0.091
残差	472.96	490	0.97		
总体	496.00	498			

9.3.3 同伴接纳知觉准确性的变化特征及其性别差异

为了进一步考察儿童同伴接纳知觉准确性的发展变化特点,对初始测量时年级为三年级、四年级和五年级的儿童进行为期一年的追踪,并在他们分别升入四年级、五年级和六年级后，进行第二次测量。两次测量的结果如表 9-4 所示。

表 9-4 两次测量的同伴接纳知觉准确性的描述性统计分析

	T1			T2		
	男生	女生	总计	男生	女生	总计
同性同伴接纳知觉准确性	0.40±0.29	0.41±0.30	0.41±0.29	0.40±0.32	0.39±0.36	0.40±0.34
异性同伴接纳知觉准确性	0.38±0.28	0.34±0.28	0.36±0.28	0.36±0.30	0.33±0.246	0.35±0.280

分别对同性同伴接纳知觉准确性和异性同伴接纳知觉准确性进行混合设计的测量时间（2）× 性别（2）的方差分析，其中测量时间为组内变量，性别为组间变量。结果如表 9-5 所示。

表 9-5 同伴接纳知觉准确性的测量时间与性别的方差分析

	同性同伴接纳知觉准确性			异性同伴接纳知觉准确性		
	F	df	p	F	df	p
测量时间	0.30	1	0.58	0.60	1	0.44
性别	0.01	1	0.93	2.25	1	0.13
测量时间 × 性别	0.17	1	0.68	0.29	1	0.59

由表 9-5 可知，无论是同性同伴接纳知觉准确性，还是异性同伴接纳知觉准确性，它们在性别、测量时间上均不存在显著的差异，性别与测量时间的交互作用也不显著。结合图 9-2 可知，虽然在一年间，儿童同伴接纳知觉准确性与偏差有下降趋势，但是趋势不显著。

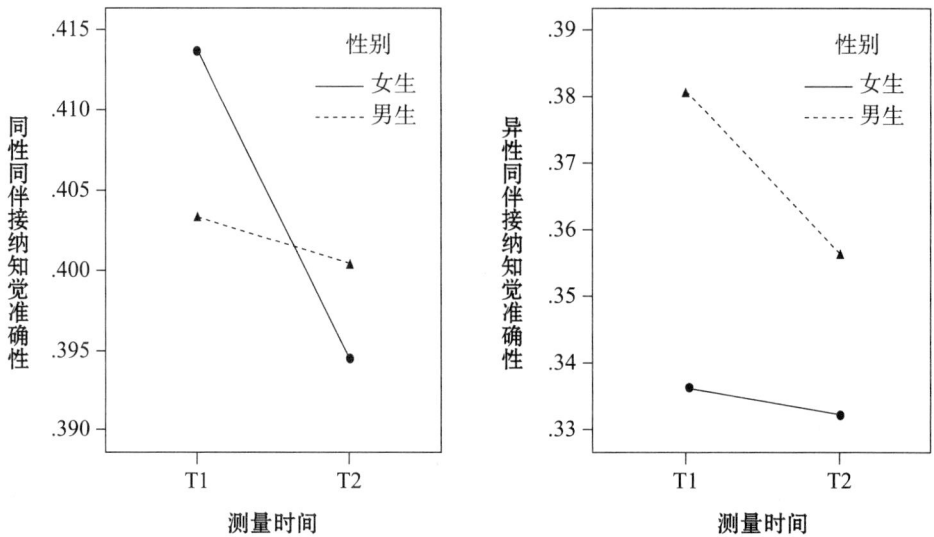

图 9-2　同性与异性同伴接纳知觉准确性的发展变化图

9.4 讨论

横向研究结果发现，随着年级的增长，儿童的同性同伴接纳知觉准确性和异性同伴接纳知觉准确性均具有越来越高的趋势。研究结果支持了研究假设，且与以往同类研究的结果具有较高的一致性（Peets & Kikas，2006），如在对儿童社会行为的自我知觉准确性的研究中，研究者发现年龄较大的儿童比年龄较小的儿童准确性高，无论是总体的知觉准确性还是同性知觉准确性、异性知觉准确性均如此（Salley et al.，2010）。儿童同伴接纳知觉准确性的发展趋势与他们的社会认知能力发展密切相关，例如，随着年龄的增长，他们逐渐能够理解和区分能力、成就和表现这三个概念（Nicholls，1978，1979），并且获得了依据一定的标准来评价任务难度的能力。他们也开始能够通过社会比较整合过去的成功与失败，从而能更准确地评价自己的能力（Bouffard et al.，1998）。此外，复杂信息加工能力的发展也极大地提高了儿童自我知觉的准确性。因此，在童年中期的早期（5～8岁），儿童通常高估自己的实际能力（Harter，2003）。然而，从童年中期到童年后期，儿童开始综合考虑各种与自己有关的积极和消极信息（Jacobs et al.，2003），例如，儿童开始采用社会比较技能，通过与同伴行为和能力的比较来评价自己在这些方面的表现。随着这些能力的发展，儿童变得更能准确地评价自己，更能将自己和他人区别开（Salley et al.，2010）。但是，纵向追踪研究结果显示，无论是同性同伴接纳知觉准确性，还是异性同伴接纳知觉准确性，在一年之内均未表现出显著的发展变化趋势。这一结果可能与追踪研究年限较短有关。今后的研究应进行长期的追踪分析。

研究结果表明，同性同伴接纳知觉准确性和异性同伴接纳知觉准确性均不存在显著的性别差异（性别主效应不显著），这一结果也与以往的一些研究结果一致（Marsh et al.，1998；Salley et al.，2010）。但是研究也发现，在考虑了年级的影响后，四年级女生异性同伴接纳知觉准确性显著高于男生，其他年级儿童的异性知觉准确性不存在显著的性别差异。结果表明四年级对男生的异性同伴接纳知觉而言可能是一个关键期。这个结果可能与儿童性别认同的发展有一定的关系，例如以往的研究发现四年级是儿童性别认同的关键期，在与异性合作的预期和态度上，男生和女生在三年级和五年级时都不存在显著的性别差异，但在四年级时男生对与异性合作成功的预期显著低于女生，且男生对与异性合作成功的预期在四年级时是最低的（Harrist，et al.，1997）。但是对于这一现象的解释还需要更多的研究进一步去探讨。

研究还发现，高年级儿童的同伴接纳知觉偏差显著高于低年级的儿童。根据各个年级同伴间的知觉偏差的均数可知，随着年级的增长，儿童的同伴接纳知觉偏差具有从消极往积极发展的趋势。研究结果支持了积极的自我知觉偏差在儿童群体中非常普遍，并且被认为是普遍发展现象的观点（Bouffard & Vezeau，1998）。

9.5 小结

本研究的结果表明：

（1）随着年级的升高，儿童同伴接纳知觉的准确性越来越高，并且同伴接纳知觉偏差具有从消极往积极方向发展的趋势。

（2）儿童同性同伴接纳知觉准确性不存在显著的性别差异，但四年级男生在异性同伴接纳知觉准确性上低于女生，其他年级则无性别差异。

（3）追踪研究发现，同性同伴接纳知觉准确性和异性同伴接纳知觉准确性均不存在显著的发展变化趋势。

\ 第十章 \ 同伴交往变量对儿童同伴接纳知觉准确性及偏差的影响

10.1 引言

　　库利（Cooley，1992）认为自我知觉来源于人们对他人如何看待自我的信念，这些知觉并不总是准确的。研究也发现，我们知觉到的同伴接纳和实际上的同伴接纳也并不总是一致的（Boivin & Begin，1989；Hymel et al.，1993）。哈特（Harter，1998）认为，在 8 岁以前，儿童对自我的知觉一般比较积极并且不现实。随着他们认知能力的发展，儿童逐渐依据社会比较建立起对自己的评价，之前盲目乐观的倾向会逐渐接近现实。同时，不同个体对自我的知觉也会有差异（Kenny & DePaulo，1993；Malloy，Yarlas，Montvilo & Sugarman，1996）。然而，从童年中期到童年后期，随着儿童开始综合考虑各种与自己有关的积极信息和消极信息（Jacobs et al.，2003），他们逐渐能更准确地评价自己（Salley et al.，2010）。有研究证明，在不同的同伴接纳情况下，个体看待自我的方式会不同（Salmivalli，Ojanen，Haanpaa，et al.，2005）。早在 1987 年，帕克和阿舍就指出，那些知道自己同伴接纳程度不高的个体与那些同样不受欢迎但却不自知的儿童表现不一样

（Parker & Asher，1987），这说明同伴接纳知觉对儿童的社会表现有重要的影响作用。

然而，以往大量关于自我知觉偏差的研究都集中在儿童的学业能力或任务表现上，很少有研究者从同伴接纳的角度进行研究。同时，目前对儿童个体社会交往能力的评价，大多采取两种方法：一种是同伴群体内成员的评价，另一种是让儿童对其在同伴群体中的交往状况进行自我评定。无论是从个体自评的角度还是从他评的角度来测量儿童的社交地位，研究者们都无法准确获得儿童的自我知觉与他人知觉之间一致性的测量指标；在现有关于自我知觉偏差的研究中，自评方式和他评方式采用的问卷不同（Berdan，Keane，& Calkins，2008；Guerra，Asher，& DeRosier，2004），这容易增大知觉偏差的测量误差。因此，为了更准确地研究儿童对自我和同伴的知觉，除了要同时考虑自我知觉和同伴知觉，还要考虑工具的一致性的问题。

综上，本研究将同伴接纳知觉与实际同伴接纳差异的方向性纳入研究范围，主要考察童年中期的儿童同伴接纳知觉偏差的基本状况。同时，鉴于同伴交往变量对同伴接纳知觉准确性和偏差具有显著的预测作用，本研究还将检验不同社交地位的个体在同伴接纳知觉偏差上是否存在差异，并探讨同伴接纳知觉偏差对社会能力的影响。基于文献综述，我们假设：同伴交往变量可以显著预测同伴接纳知觉准确性和偏差。

10.2 研究方法

10.2.1　研究对象

同 9.2.1 节。

10.2.2　研究工具

同伴评定　同 9.2.2 节。

知觉评定　同 9.2.2 节。

儿童能力自我知觉量表　同 4.2.2 节。

同伴提名　同 5.2.2 节。

同伴乐观　同 5.2.2 节。

友谊质量　同 5.2.2 节。

10.2.3　同伴接纳知觉准确性及偏差测量指标的计算

详见第九章。需要说明的是，本研究中准确性和偏差的计算是以同伴评定的同伴接纳为参照标准。虽然以往的研究也有采用父母和教师等其他观察者的评定作为参照标准，且他们作为观察者提供了独特和有价值的观点（Junttila，Voeten，Kaukiainen，et al.，2006），但是很多研究者们认为，进行研究时必须考虑观察者与观察对象的熟悉程度（Ledingham，Younger，Schwartzman，et al.，1982）。父母主要是在家中观察他们的孩子，老师对学生的观察范围也是有限的，他们提供的信息由于缺乏对儿童实际交往细节的了解而具有一定的局限性（Greener，2000）。而同伴是与儿童交往最为频繁的对象，他们有更多的机会去观察和评价与他们交往的同学，因此他们能够为评定同伴的同伴接纳提供更为直接和有效的信息（Parker & Asher，1987）。本研究中探讨的是儿童对同伴接纳的知觉，所以同伴评定能够提供更为直接的信息。

10.2.4　数据处理与统计分析思路

主试为经过专业培训后的心理学专业研究生。采用团体施测方法进行问卷调查。所有的问卷结果均采用 Filemaker 6.0 录入和管理，采用 SPSS 22.0 进行数据统计与分析。

10.3 结果

10.3.1 描述性统计分析

本研究涉及的各变量的描述性统计分析结果如表 10-1 所示。由表 10-1 可知，绝对准确性均值高于 0，说明在整体水平上，儿童普遍不能准确评价自己的同伴接纳水平。由相对准确性的均值可知，儿童普遍低估自己的同伴接纳的实际水平。

表 10-1　描述性统计分析

	N	M	SD	Min	Max
绝对准确性	498	0.30	0.25	0.00	1.31
相对准确性	498	−0.05	0.39	−1.31	1.20
同伴接纳知觉偏差	498	0.00	1.00	−3.75	2.74
积极提名	498	0.00	1.00	−1.52	5.93
消极提名	498	0.00	1.00	−0.75	7.05
同伴乐观	484	1.87	0.52	1.00	4.00
友谊质量	495	2.40	0.62	0.28	3.78

10.3.2 不同社交地位儿童的同伴接纳知觉准确性与偏差

10.3.2.1 不同社交地位儿童的同伴接纳知觉准确性

不同社交地位儿童知觉绝对准确性和相对准确性的描述性统计分析结果如表 10-2 所示。从三组均值结果可知，低接纳组和高接纳组儿童的绝对准确性均值较大，而一般接纳组儿童的绝对准确性均值相对较小。此外，同伴社交地位越高，绝对准确性的均值越大。低接纳组的儿童倾向于高估自己的社交能力，而一般接纳组儿童的准确性较好，高接纳组儿童倾向于低估自己的社交能力。

表 10-2　不同社交地位儿童同伴接纳知觉绝对准确性与
相对准确性的描述性分析

社交地位	绝对准确性					相对准确性				
	N	M	SD	Min	Max	N	M	SD	Min	Max
低接纳组	134	0.35	0.25	0.00	1.20	134	0.30	0.31	-0.38	1.20
一般接纳组	208	0.21	0.17	0.00	0.88	208	-0.06	0.26	-0.88	0.59
高接纳组	156	0.40	0.28	0.00	1.31	156	-0.34	0.34	-1.31	0.51
总计	498	0.30	0.25	0.00	1.31	498	-0.05	0.39	-1.31	1.20

进一步采用单因素方差分析对不同社交地位儿童的自我知觉绝对准确性与相对准确性的差异进行分析,结果发现,三组儿童在社交自我知觉绝对准确性和相对准确性上均存在显著的差异,结果如表 10-3 所示。

表 10-3　不同社交地位儿童同伴接纳知觉绝对准确性和
相对准确性的方差分析

	绝对准确性					相对准确性				
	SS	df	MS	F	p	SS	df	MS	F	p
组间变异	3.60	2	1.80	33.98	<0.01	29.40	2	14.70	161.01	<0.01
组内变异	26.25	495	0.05			45.19	495	0.09		
总变异	29.85	497				74.58	497			

进一步的事后多重比较分析发现,一般接纳组的社交自我知觉绝对准确性均值显著低于低接纳组和高接纳组的儿童,但是低接纳组和高接纳组儿童的社交自我知觉绝对准确性均值不存在显著的差异。结果如图 10-1 所示。

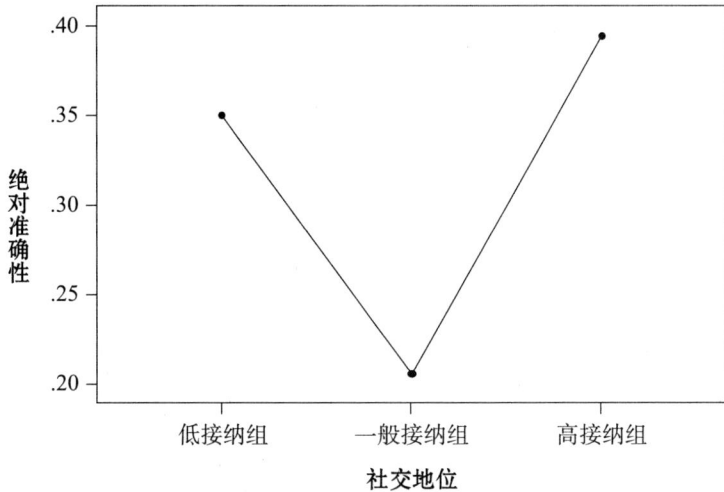

图 10-1　不同社交地位儿童的同伴接纳知觉绝对准确性

事后多重比较分析还发现，低接纳组儿童的社交自我知觉相对准确性均值显著高于一般接纳组和高接纳组儿童，而一般接纳组儿童的社交自我知觉相对准确性均值则显著高于高接纳组的儿童。由三组儿童的社交自我知觉相对准确性的均值可知，低接纳组儿童倾向于高估自己的社交能力，相反，高接纳组儿童倾向于低估自己的社交能力。而一般接纳组儿童对自己社交能力的评价较为准确。结果如图 10-2 所示。

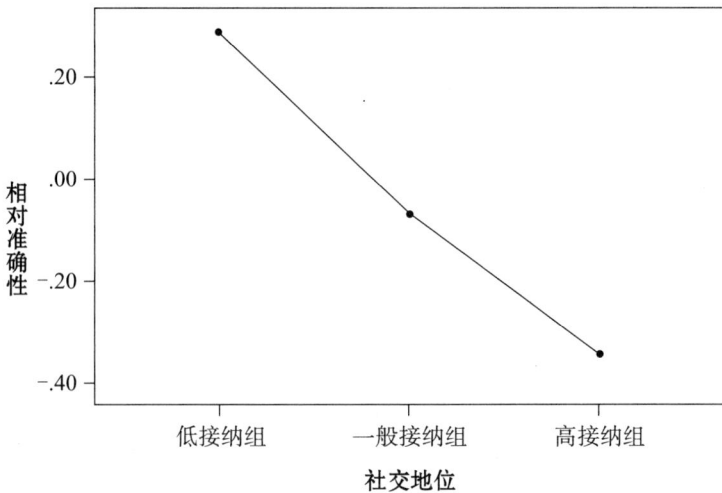

图 10-2　不同社交地位儿童的同伴接纳知觉相对准确性

10.3.2.2　不同社交地位儿童的同伴接纳知觉偏差

不同社交地位儿童的同伴接纳知觉偏差的描述性统计分析结果如表 10-4 所示。由均值可知，低接纳组儿童倾向于积极评价自己的社交能力，但是一般接纳组和高接纳组均值较为相似。

表 10-4　不同社交地位儿童同伴接纳知觉偏差的描述性分析

社交地位	N	M	SD	Min	Max
低接纳组	134	0.12	1.01	−2.54	2.24
一般接纳组	208	−0.04	1.06	−3.74	2.74
高接纳组	156	−0.05	0.89	−3.62	1.67
总计	498	0.00	1.00	−3.75	2.74

采用单因素方差分析对不同社交地位儿童的同伴接纳知觉偏差的差异进行分析，结果表明，三组儿童的同伴接纳知觉偏差不存在显著的差异。表明同伴接纳知觉偏差并不会受到社交地位的影响。三组儿童的均值如表 10-5 所示。

表 10-5　不同社交地位儿童同伴接纳知觉偏差的方差分析

	SS	df	MS	F	p
组间变异	2.82	2	1.41	1.42	0.24
组内变异	493.18	495	1.00		
总变异	496.00	497			

由图 10-3 也可知，不同社交地位儿童的知觉偏差均值分布在 0 左右，差异不大。由此可见，根据前人的研究结果可知，无论处于何种社交地位的儿童，均普遍表现出积极的同伴接纳知觉偏差，并且他们之间不存在显著的差异。

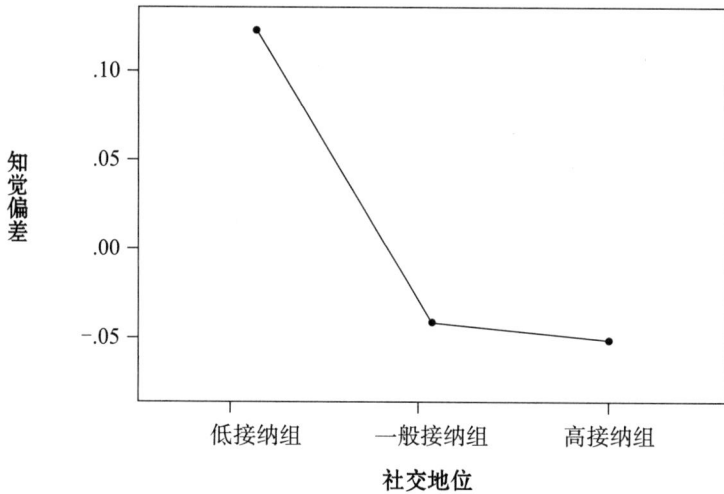

图 10-3　不同社交地位儿童的同伴接纳知觉偏差

10.3.3　各变量之间的相关矩阵

同伴接纳知觉准确性及偏差与同伴交往变量之间的相关矩阵如表 10-6 所示。由表 10-6 所知，同伴接纳知觉偏差与社交自我知觉存在显著的正相关关系，与同伴乐观之间存在显著的正相关关系。绝对准确性与积极提名和消极提名均存在显著的正相关关系，而相对准确性与社交自我知觉、友谊质量、同伴乐观和积极提名之间存在显著的负相关关系，但是与消极提名之间存在显著的正相关关系。

这些结果表明，儿童同伴接纳知觉偏差可能与同伴乐观有着更密切的联系。这说明，如果儿童对同伴关系较为乐观，则倾向于积极评价自己的社交能力，认为自己在同伴群体中较受同伴欢迎。绝对准确性反映了儿童将自己在同伴群体中的受欢迎程度与实际情况相比较的差异，反映了儿童与实际情况之间的差距，但这种差距不考虑方向性。相关分析结果表明，无论是积极提名还是消极提名，均与绝对准确性具有显著的正相关关系。说明受欢迎的儿童和不受欢迎的儿童对自己社交能力的评价均与现实相差较大。而处于普通群体中的儿童对自己的社交能力的评价相对较为准确。相对准确性则在绝对准确性的基础上,考虑了儿童社交能力自我评价与实际情况之间差距的方向性。相关分析结果发现,本研究中的所有同伴交往变量均与相对准确性之间存在显著的相关关系,即对自己的社交能力评价越高、有较高质量的友谊、对同伴关系乐观和受到同伴欢迎的儿童,与其真实的社交能力相比,倾向于低估自己的社交能力。为同伴所拒绝的儿童,则倾向于高估自己的社交能力。

表 10-6　同伴接纳知觉准确性及偏差与同伴交往变量之间的相关矩阵

	同伴接纳知觉偏差	绝对准确性	相对准确性	社交自我知觉	友谊质量	同伴乐观	积极提名	消极提名
同伴接纳知觉偏差	1							
绝对准确性	-0.05	1						
相对准确性	-0.02	-0.20**	1					
社交自我知觉	0.97**	-0.02	-0.23**	1				
友谊质量	0.17**	-0.07	-0.13**	0.21**	1			
同伴乐观	0.45**	0.01	-0.21**	0.49**	0.37**	1		
积极提名	0.01	0.30**	-0.55**	0.15**	0.18**	0.20**	1	
消极提名	0.00	0.22**	0.50**	-0.14**	-0.05	-0.13**	-0.24**	1

10.3.4　社交自我知觉准确性对同伴交往变量的回归分析

为了进一步探讨儿童同伴交往变量对社交自我知觉准确性的预测作用,本研究分别以社交自我知觉绝对准确性和相对准确性为因变量,在控制年级和性别影响后,以社交自我知觉、同伴乐观、积极提名和消极提名为自变量,进行多元多层线性回归分析。回归模型以性别(男生标记为1,女生标记为0)和年级(三年级标记为0,四年级标记为1,五年级标记为2,六年级标记为3)为第一层变量,采用恩特法建立回归方程,其次将积极提名、消极提名和友谊质量纳入第二层回归方程中,采用逐步回归法建立回归方程。

表 10-7　同伴接纳知觉绝对准确性对同伴交往变量的回归分析

	F	R^2	ΔR^2	Beta	t	p
第一步	30.79	0.24	0.06			
性别				−0.04	−1.08	0.281
年级				−0.22	−5.48	< 0.01
第二步						
积极提名			0.09	0.39	9.30	< 0.01
消极提名			0.09	0.31	7.46	< 0.01
友谊质量			0.01	−0.10	−2.43	0.02

　　由表 10-7 所知，回归分析结果表明，对绝对准确性而言，性别的预测效应不显著，年级的预测效应显著。说明随着年级的增长，整体上儿童对自己同伴接纳的知觉准确性越来越好。同伴交往变量中，积极提名、消极提名和友谊质量均对绝对准确性具有显著的预测作用。由回归系数可知，无论受到积极提名越多还是受到消极提名越多的儿童，他们的绝对准确性值越高，表明准确性越差。而友谊质量越高的儿童，其绝对准确性值越低，表明准确性越好。总之，无论是不受欢迎的儿童还是受欢迎的儿童，他们比一般儿童对自己同伴接纳的知觉准确性要差。同时，如果儿童具有良好的友谊质量，那么有助于儿童提高自己的同伴接纳知觉的准确性。

表 10-8　同伴接纳知觉相对准确性对同伴交往变量的回归分析

	F	R^2	ΔR^2	Beta	t	p
第一步	84.07	0.46	0.02			
性别				0.00	0.07	0.94
年级				0.06	1.65	0.100
第二步						
积极提名			0.30	−0.44	−12.76	< 0.01
消极提名			0.14	0.38	10.82	< 0.01
社交自我知觉			0.01	−0.12	−3.49	< 0.01

由表 10-8 所知，回归分析结果还发现，对相对准确性而言，性别和年级的预测效应均不显著。在同伴交往变量中，积极提名、消极提名及社交自我知觉均对相对准确性具有显著的预测作用。由回归系数可知，与其他儿童相比，受到积极提名越多的儿童，越倾向于低估自己的同伴接纳水平，而受到消极提名越多的儿童，越倾向于高估自己的同伴接纳水平。同时，社交自我知觉水平越高的儿童，倾向于低估自己的同伴接纳。由此可见，受同伴欢迎、具有较高社交自我知觉的儿童倾向于低估自己的同伴接纳，反之，那些受到同伴拒绝的儿童，则有可能高估自己的同伴接纳。

10.3.5　同伴接纳知觉偏差对同伴交往变量的回归分析

为了进一步探讨儿童同伴交往变量对同伴接纳知觉偏差的预测作用，以知觉绝对偏差为因变量，在控制年级和性别影响后，以社交自我知觉、同伴乐观、积极提名和消极提名为自变量，进行层级回归分析。回归模型以性别（男生标记为 1，女生标记为 0）和年级（三年级标记为 0，四年级标记为 1，五年级标记为 2，六年级标记为 3）为第一层变量，采用恩特法建立回归方程，其次将社交自我知觉、积极提名和消极提名纳入第二层回归方程中，采用逐步回归法，建立回归方程。

表 10-9　同伴接纳知觉偏差对同伴交往变量的回归分析

	F	R^2	ΔR^2	B	Beta	t	p
第一步	3349.09	0.97	0.02				
性别				0.06	0.03	3.61	< 0.01
年级				-0.02	-0.03	-3.55	< 0.01
第二步							
积极提名			0.02	-0.12	-0.12	-15.17	< 0.01
消极提名			0.01	0.11	0.11	13.88	< 0.01
社交自我知觉			0.92	1.93	1.01	128.00	< 0.01

由表10-9所知,回归分析结果表明,性别和年级对同伴接纳知觉偏差具有显著的预测作用,男生高于女生。随着年级的增长,同伴接纳偏差得分越来越低。在同伴交往变量中,积极提名、消极提名和社交自我知觉均对同伴接纳知觉偏差具有显著的预测作用。由回归系数可知,受到积极提名越多、消极提名越少且社交自我知觉水平较高的儿童,表现出较少的同伴接纳知觉偏差。

10.4 讨论

10.4.1 同伴接纳知觉准确性与同伴交往变量的关系

研究发现,不同社交地位儿童的同伴接纳知觉绝对准确性存在显著的差异,具体表现在一般接纳组的同伴接纳知觉绝对准确性得分显著低于低接纳组和高接纳组的儿童,但是低接纳组和高接纳组儿童的同伴接纳知觉绝对准确性得分不存在显著的差异。结果说明,低接纳组和高接纳组儿童都不能准确评价自己的实际同伴接纳水平,而一般接纳组儿童则可以比较准确地评价自己实际的同伴接纳水平。从每组儿童的人数可知,低接纳组儿童134人,高接纳组儿童156人,一般接纳组儿童208人。由此可知,近半数儿童不能准确地评价自己实际被同伴接纳的水平。由于绝对准确性并不能区分高估和低估,因此本研究进一步分析了同伴接纳知觉相对准确性在不同社交地位组别上的差异。结果发现,低接纳组儿童的社交自我知觉相对准确性得分显著高于一般接纳组和高接纳组儿童,而一般接纳组儿童的社交自我知觉相对准确性得分则显著低于高接纳组的儿童。由此可知,低接纳组儿童倾向于高估自己的社交能力,相反,高接纳组儿童倾向于低估自己的同伴接纳水平。而一般接纳组儿童对自己的同伴接纳现状评价较为准确。

进一步的回归分析也发现,反映儿童社交地位的积极提名和消极提名均可显著预测儿童的同伴接纳知觉绝对准确性和相对准确性。儿童所得到的积极提名越多或消极提名越多,则同伴接纳知觉的绝对准确性得分越高。结果同样反映了受欢迎和不受欢迎儿童均不能够准确地评价自己的同伴接纳。相对准确性的回归分析表明，越不受欢迎的儿童越容易高估自己的同伴接纳水平；而越受欢迎的儿童越容易低估自己的同伴接纳水平。并且，从判定系数来看，积极提名和消极提名共同解释了 44% 的同伴接纳知觉相对准确性的变异。这一结果表明，儿童社交地位的高低对儿童是否能准确评价自身的同伴接纳具有非常重要的影响作用。受欢迎的儿童与其他儿童相比，更倾向于低估自己的受接纳程度，这与前人的研究是一致的（Patterson et al.，1990）。在中国文化背景下，这一结论具有更普遍的意义。中国文化十分强调"谦逊"这一品质，有大量教育小学生谦虚、谨慎的教育素材，因此同伴群体会对具有这些品质的儿童产生认同，其受接纳程度也更高；另一方面，受欢迎的儿童也常常是学业成绩优良的学生（Cook，Deng，& Morgano，2007），可能这类儿童更能将教育素材中的谦逊内化，在同伴接纳的评定中也表现出了低估的倾向。同理，表现与此相反的不受欢迎、被排斥的儿童则不太受同伴欢迎，他们自身也倾向于高估自己的受接纳程度。以往的研究对此有过探讨，例如，一项关于日本的研究发现，存在积极假象（高估自己的社交技能）的儿童更容易攻击他人，也更不受同伴欢迎（Toyama & Miki，2008）；另有研究发现，被排斥的儿童接纳知觉准确性更差（Cillessen & Bellmore，1999）。这可能与不受欢迎的儿童本身的社交经验有关。被排斥的儿童可能在社交自我知觉建立之初被人接纳的机会不多，这导致他们无法凭借经验建立一个准确的参照点来评估自己的受接纳程度。而对于受欢迎的儿童，涉及他人如何看待自己的时候，很多儿童还是选择了最保守的方式来评估自身的同伴地位，这与中国人的文化特征有关。跨文化研究表明，东方人倾向于用低自尊的方式来评价自己，因为这样保证了在接受他人评价时的心理安全（Heine，2003；Heine，Lehman，Markus，et al.，1999）。

回归分析发现，友谊质量对同伴接纳知觉绝对准确性有显著的负向预测作用，结果表明，与其他儿童相比，拥有亲密友谊质量的儿童对自己的同伴接纳评价并不准确。友谊质量不能显著预测同伴接纳知觉相对准确性，这说明拥有亲密友谊质量的儿童可能高估或低估自己的同伴接纳。通常，我们认为友谊质量较高的个体拥有较为亲密的朋友。在儿童阶段，很多的研究也发现，大多数的儿童都有一个以上亲密的朋友，但是并不是每一个儿童都具有良好的社交技能，受到同伴的欢迎。例如，攻击行为较高的儿童往往会组成一个小团体，他们相互支持，但他们可能并不受其他同伴的欢迎。友谊质量较低的儿童，由于社交技能较差，可能有较高水平的社交退缩、社交焦虑，从而表现出更为准确的自我评估。然而这些解释需要更多的实证研究去探讨。

研究也发现，社交自我知觉对同伴接纳知觉相对准确性有显著的负向预测作用。社交自我知觉较高的儿童倾向于低估自己的同伴接纳水平。反之，社交自我知觉较低的儿童，倾向于高估自己的同伴接纳水平。本书的前面几个章节均探讨了社交自我知觉与同伴交往和社会适应的关系。研究发现，较低社交自我知觉的儿童具有较高水平的孤独感和社交退缩。同时，积极提名、消极提名以及友谊质量均可显著预测社交自我知觉。这一结果反映，具有较低社交自我知觉的儿童通常在同伴交往中处于被拒绝、被排斥的状况，自身也由于各方面的原因不愿意积极发起交往活动。这一类儿童往往在现实同伴交往中处于同伴交往群体边缘。由于受到这些负性同伴交往经历的长期影响，他们往往不能准确地评价自己真实的同伴交往水平。

10.4.2 同伴接纳知觉偏差与同伴交往变量的关系

同伴接纳知觉偏差与社交自我知觉的关系最为紧密。社交自我知觉是个体对自身社交状况的主观评价知觉（Harter，1982），同伴接纳知觉偏差则是将个体对自身社交状况的评估放在现实中进行检验，同时考虑了同伴群体对儿童的实际接纳程度。对反馈的自我知觉，不管是积极还是消极的，都会引起压力和可能的不良情绪（Giesler，Josphs，Swann，1996）。本研究的结果与之相反，说明对反馈的自我知觉及其与不良情绪的关系还应考虑其知觉与实际情况差异的方向。研究结果表明，区分倾向于积极评价自我还是消极评价自我的亚群体是十分必要的。

研究还发现，积极提名可以负向预测同伴接纳知觉偏差，而消极提名可以正向预测同伴接纳知觉偏差。结果说明受欢迎的儿童倾向于表现出消极的同伴接纳知觉偏差，而被拒绝儿童则倾向于表现出积极的同伴接纳知觉偏差。以往的研究普遍发现，知觉偏差容易受到自我提升动机的影响，因此，受欢迎儿童可能更为谨慎，自我提升动机较弱。而被拒绝儿童可能由于有更多被拒绝经历，而自身又倾向于高估自己的实际同伴接纳水平，因此，可能更多地采用自我提升的策略，从而维持自我认知与外界反馈信息的平衡。例如，有研究表明，积极自我知觉偏差与对失败的外部归因、防御性和自我障碍应对策略有关（Colvin，Block，& Funder，1995；Gresham，et al.，2000；John & Robins，1994）。这些应对策略会让个体在社会适应过程中忽视外在反馈，产生过度自信。

10.5 小结

本研究的结果表明：

（1）不同社交地位儿童的同伴接纳知觉准确性存在显著的差异，具体表现为：与一般接纳组儿童能比较准确评价自己的同伴接纳相比，高接纳组儿童与低接纳组儿童对自己同伴接纳的评价更不准确。高接纳组儿童倾向于低估自己的实际同伴接纳水平，而低接纳组儿童倾向于高估自己的实际同伴接纳水平。

（2）不同社交地位的儿童在同伴接纳知觉偏差上不存在显著的差异。

（3）回归分析表明，反映社交地位的两个测量指标，积极提名和消极提名均可显著预测同伴接纳知觉绝对准确性、同伴接纳知觉相对准确性和同伴接纳知觉偏差；友谊质量可以显著负向预测同伴接纳知觉绝对准确性，社交自我知觉可以显著负向预测同伴接纳知觉相对准确性和正向预测同伴接纳知觉偏差。

\ 第十一章 \ **儿童同伴接纳知觉准确性及偏差与**
孤独感的关系：一项交叉滞后研究 *

11.1 引言

近年来，研究者对儿童孤独感进行了大量研究（例如，Bakkaloglu，
2010；纪林芹等，2011），发现同伴交往与孤独感的关系非常密切。例如，
没有亲密朋友和被拒绝的儿童报告了更高的孤独感；相对客观的社交地位
以及社交自我知觉对孤独感具有较强的预测力（周宗奎，赵冬梅，陈晶，等，
2003）。进一步的研究发现，社交自我知觉在同伴交往与孤独感的关系间起着
重要的中介作用，同伴交往对孤独感的影响有赖儿童对其社交情景的主观知
觉（Hymel，Vaillancourt，McDougall，et al.，2002；孙晓军等，2009）。

儿童对社交情景的主观知觉能否准确地反映其真实社交状况呢？自我知
觉理论认为，自我知觉来源于他人如何看待自我的信念，但是这些知觉通常
不准确。大量研究证实，人们通常不能非常准确地评估自己的能力或表现（例
如，Narciss et al.，2011）。以儿童为对象的研究也发现，儿童知觉到的同

---

* 本章部分内容已经发表在《心理发展与教育》2012 年第5 期。

伴接纳与实际的同伴接纳经常不一致（Hymel et al., 1993）。这种不一致通常采用两种指标来表示，即准确性（accuracy）和偏差（bias）。准确性是指个人判断与客观现实之间的差异（Berteletti, Lucangeli, Piazza, et al., 2010；West & Kenny, 2011），而偏差则是指个体系统性地高估了或者低估了自己的真实水平（Campbell & Fehr, 1990）。研究者一般采用主观知觉与实际同伴接纳水平差异的绝对值作为准确性的测量指标。得分越低准确性越高，反之，得分越高准确性越低。对此，有研究者（Campbell & Fehr, 1990）认为，绝对值只能表示个人判断与客观现实之间的相符程度，是一种绝对准确性（absolute accuracy），并不能反映高估和低估客观现实的个体之间的差异。于是，他们采用主观知觉与实际同伴接纳水平的差值（有正负符号的数值）作为准确性的指标，称之为相对准确性（directional accuracy）。正数表示高估了自己的同伴接纳，负数表示低估了自己的同伴接纳。研究者们（Whitton, Larson, & Hauser, 2008）通常采用自我知觉对实际同伴接纳水平进行回归分析后的标准化残差作为偏差的测量指标。知觉准确性与偏差反映了自我知觉与客观现实之间差异的不同方面（Luo & Snider, 2009）。知觉准确性是预测同伴对自己接纳水平与实际情况之间的差异，属于信息驱动的人际关系判断，反映了儿童的认知判断能力（Gagné & Lydon, 2004）。而偏差是指儿童在判断自己的同伴接纳水平过程中，受到一些系统性因素的影响，使得判断偏离或者接近自己的真实水平（West & Kenny, 2011）。因此，准确性与偏差并不是此消彼长的关系，而是共存的关系。例如，一个儿童可以准确地预测同伴对自己的接纳水平，即具有较高的准确性。但是受到自我提升动机的影响，他会认为自己的同伴接纳水平比别的儿童更高，从而表现出积极的偏差。

自我知觉绝对准确性对消极情绪影响的研究结果表明，自我知觉绝对准确性可以显著正向预测6个月后的消极情绪水平（Kistner, 2006）。研究还发现，对自己的社会行为（如焦虑、退缩等）知觉绝对准确性较高的儿童具有较低水平的孤独感（Cillessen & Bellmore, 1999）。然而也有研究发现，消极情绪（如抑郁）水平较高的个体更能准确地判断自己的表现（Alloy &

Abramson，1979），这一结论甚至得到验证。例如，有严重焦虑症状的个体，对自己社会能力的评价与外部观察者的评价具有较高的一致性（Lewinsohn et al.，1980）。不过，这一相反结论主要是基于临床病例样本得出的，并不适用于一般的儿童群体。因此，本研究假设（H1）：对于一般儿童群体来说，儿童同伴接纳知觉绝对准确性能有效地预测其孤独感水平。

目前，还没有研究探讨同伴接纳知觉相对准确性与消极情绪之间的关系。在自我知觉相对准确性的研究领域，已有研究主要考察能力自我知觉（如学业能力、社会能力）的相对准确性对消极情绪（焦虑）的影响。例如，研究表明低估自己学业能力的儿童报告了较高的消极情绪（焦虑）水平（Bouffard，Boisvert，& Vezeau，2002；Phillips & Zimmerman，1990；Amie，Norton，& Ollendick，2010）；而高估自己社交能力（social competence）的儿童体验到较少的消极情绪（Cole，et al.，1999）。既然高估与低估自我能力的儿童，具有不同水平的消极情绪，那么我们推测，高估与低估同伴接纳水平的儿童也会产生不同水平的消极情绪。据此，我们假设（H2）：同伴接纳知觉相对准确性能显著负向预测其孤独感水平。

以往的研究发现，消极的自我知觉偏差不利于情绪适应（Beck，1967），而积极的自我知觉偏差则有利于情绪适应（Taylor，et al.，2003）。消极的自我知觉偏差不利于情绪适应这一结论，在后续研究中得到实证研究的验证（Ekornås et al.，2011）。但是，积极的自我知觉偏差有利于情绪适应这一结论却面临着挑战。因为，也有研究表明积极自我知觉偏差与对失败的外部归因、防御性和自我障碍应对策略有关联（Colvin et al.，1995；Gresham et al.，2000；John & Robins，1994）。这些应对策略会让个体在社会适应过程中忽视外在的反馈，产生过度的自信，进而导致神经过敏和自恋等心理失调问题（John & Robins，1994），以及体验到更多的消极情绪（Gresham，et al.，2000）。针对这种不一致的结论，我们认为存在以下原因：首先，自我知觉偏差研究涉及自我的各种不同领域，积极自我知觉偏差在某一领域对社会适应具有积极的影响，但是在另外一个领域可能就有消极的影响（Gramzow et al.，2003）；其次，研究者们采取了不同的标准来测量自我知觉偏差，不同的标准导致不同的结论（Gramzow, et al., 2003）。我们认同罗宾斯和比尔的观点，即自我知觉偏差需要一个外部、客观的指标来衡量，从而将其从自我评价中分离出来（Robins & Beer, 2001）。因此，本研究采取同伴评定这个客观、外部指标考察同伴接纳知觉偏差与孤独感之间的关系；基于前人研究（Ekornås et al., 2011）的研究结果，我们假设（H3）：儿童的同伴接纳知觉偏差能有效地负向预测其孤独感水平。

　　同伴接纳知觉准确性与偏差能影响孤独感，那么孤独感能否影响同伴接纳知觉准确性与偏差呢？依据孤独感的产生与发展模型（Cacioppo, et al., 2006; Hawkley & Cacioppo, 2010）可知，孤独的个体更倾向于将社交场合看成是有威胁的，对社会交往持有更负面的预期，也会记忆更多的负性社会信息。这种对社会威胁无意识的监控则会导致认知偏差的产生（Cacioppo & Hawkley, 2009）。据此，我们假设（H4）：孤独感能预测同伴接纳知觉准确性与偏差。

　　孤独感非常普遍，不仅成年人能体验到，青少年也能体验到。它产生于个体与其所关心的人建立一种稳定社会关系的需要。小学三年级到六年级是孤独感产生和发展的重要阶段（Cassidy & Asher, 1992）。以往研究着重探讨孤独感与儿童友谊质量、同伴接纳等同伴交往变量之间的关系，但是较少研究关注同伴接纳知觉与真实同伴接纳之间的差异对孤独感的影响作用。因此，本研究的主要目的是，以小学三年级到六年级的儿童为研究对象，考察同伴接纳知觉准确性及偏差与孤独感之间的相互影响作用。研究采用多元回归分析方法，探讨同伴接纳知觉准确性和偏差对孤独感的影响作用。在此基础上，对其中三年级至五年级的儿童进行为期一年的追踪研究，采用交叉滞后分析方法，探讨同伴接纳知觉准确性和偏差与孤独感之间的相互影响作用。

11.2 研究方法

11.2.1　研究对象

本研究采用随机整群抽样法,于 2005 年(T1)抽取武汉市某小学三年级到六年级共四个年级的学生为研究对象。在此基础上,于 2006 年(T2)对这批被试(三年级到五年级)进行再次施测。这时,三、四、五年级学生已经分别升入四、五、六年级。初次测量时,四个年级共 515 名(229 名女生,286名男生)儿童参加了问卷调查,其中三年级 132 人,四年级 132 人,五年级121 人,六年级 130 人。共有 371 名儿童(165 名女生,206 名男生)参加两次测量。因转学而流失的被试共 14 人,其中三年级 10 人,四年级 1 人,五年级 3 人。

11.2.2　研究工具

同伴评定　同 9.2.2 节。

知觉评定　同 9.2.2 节。

儿童能力自我知觉量表　同 4.2.2 节。

儿童孤独量表　同 7.2.2 节。

11.2.3　同伴接纳知觉准确性及偏差测量指标的计算

同 9.2.3 节。

11.2.4　数据处理与统计分析思路

主试为经过培训后的心理学专业研究生,以班级为单位进行团体施测,所有问卷均当场收回,且两次测量的量表相同。采用 Filemaker6.0 软件对数据进行录入和管理，采用SPSS17.0进行数据的统计分析。

11.3 结果

11.3.1　各变量间的相关关系

儿童孤独感与同伴接纳知觉准确性和偏差之间的相关关系如表11-1所示。由表11-1可知，孤独感与同伴接纳知觉偏差具有显著的负相关关系，与相对准确性有显著的正相关关系，而与绝对准确性则不存在显著的相关关系。同伴接纳知觉偏差与绝对准确性、相对准确性都不存在显著的相关关系。

表 11-1　孤独感与同伴接纳知觉准确性和偏差的相关（T1；$n = 515$）

	$M \pm SD$	孤独感	同伴接纳知觉偏差	绝对准确性	相对准确性
孤独感	1.91±0.81	1			
同伴接纳知觉偏差	0.00±1.00	-0.51**	1		
绝对准确性	0.31±0.25	0.08	-0.05	1	
相对准确性	-0.04±0.39	0.34**	-0.02	-0.18**	1

注：同伴接纳知觉偏差得分来自社交自我知觉对同伴评定回归的标准化残差。

11.3.2　同伴接纳知觉准确性和偏差对孤独感的预测作用

为了进一步探讨儿童同伴接纳准确性和偏差对孤独感的预测作用，以孤独感为因变量，以同伴接纳知觉偏差和相对准确性为自变量，进行层级回归分析。回归模型首先以性别和年级为第一层变量，采用恩特法进入回归方程；其次，将同伴接纳知觉偏差和相对准确性纳入第二层变量，采用逐步法，逐个进入回归方程（便于分析各个变量的 ΔR^2）。回归方程显著性检验结果表明，回归方程显著（$F = 83.76$，$p < 0.01$），结果见表11-2。

由表 11-2 可知，在控制了性别和年级的影响后，同伴接纳知觉偏差与相对准确性均进入了回归方程，表明这两个变量对孤独感均具有显著的预测作用。其中，同伴接纳知觉偏差显著地负向预测孤独感，即同伴接纳知觉偏差得分越高，孤独感越低。而相对准确性显著地正向预测孤独感，即相对准确性得分越高，孤独感越高。从 ΔR^2 可知，相对而言，同伴接纳知觉偏差对孤独感具有更好的预测力（$\Delta R^2 = 0.23$），而相对准确性在控制了同伴接纳知觉偏差的影响后，对孤独感仍有显著的预测力（$\Delta R^2 = 0.11$）。这个结果表明，同伴接纳知觉偏差对孤独感的预测能力高于同伴接纳知觉相对准确性。

表 11-2 　孤独感对同伴接纳知觉准确性和偏差的回归分析（T1；$n = 515$）

	R^2	ΔR^2	Beta	t
第一步	0.06			
年级			-0.16	-4.56**
性别			0.07	1.97*
第二步（分别进入）	0.40			
同伴接纳知觉偏差		0.23**	-0.48	-13.76**
相对准确性		0.11**	0.33	9.44**

11.3.3　交叉滞后分析

11.3.3.1　追踪变量的相关矩阵

表 11-3 为各个变量之间的相关矩阵。从横向关系来看，在 T1 和 T2 时，同伴接纳知觉偏差和相对准确性与孤独感均存在显著的相关关系，而同伴接纳知觉偏差与相对准确性之间不存在显著的相关关系。从纵向关系来看，T1 时的同伴接纳知觉偏差和相对准确性与 T2 时的孤独感存在显著的相关关系。具体而言，T1 时同伴接纳知觉偏差得分越高，一年后的孤独感得分越低；T1 时相对准确性得分越高，一年后的孤独感得分越高。

表 11-3　孤独感与同伴接纳知觉准确性和偏差的相关

（ T1 和 T2 都参加测试的被试；$n = 371$ ）

	孤独感 T2	同伴接纳 知觉偏差 T2	相对 准确性 T2	孤独感 T1	同伴接纳 知觉偏差 T1	相对准 确性 T1
孤独感 T2	1					
同伴接纳知觉偏差 T2	-0.64**	1				
相对准确性 T2	0.22**	0.05	1			
孤独感 T1	0.64**	-0.45**	0.29**	1		
同伴接纳知觉偏差 T1	-0.44**	0.45**	-0.08	-0.51**	1	
相对准确性 T1	0.31**	-0.07	0.64**	0.37**	-0.04	1

11.3.3.2　同伴接纳知觉准确性和偏差与孤独感的相互影响

在相关分析的基础上，采用交叉滞后回归分析方法，探讨同伴接纳知觉相对准确性和偏差对一年后孤独感的预测作用。结果如图 11-1 所示。

由图 11-1 可知，前测的同伴接纳知觉偏差与相对准确性分别能显著预测一年后的孤独感（$\beta = -0.18$，$p < 0.01$；$\beta = 0.11$，$p < 0.05$）；前测的孤独感对一年后的同伴接纳知觉偏差具有显著的负向预测效应（$\beta = -0.33$，$p < 0.01$），但对一年后的相对准确性不具有显著的预测效应（$\beta = 0.04$，$p > 0.05$）。

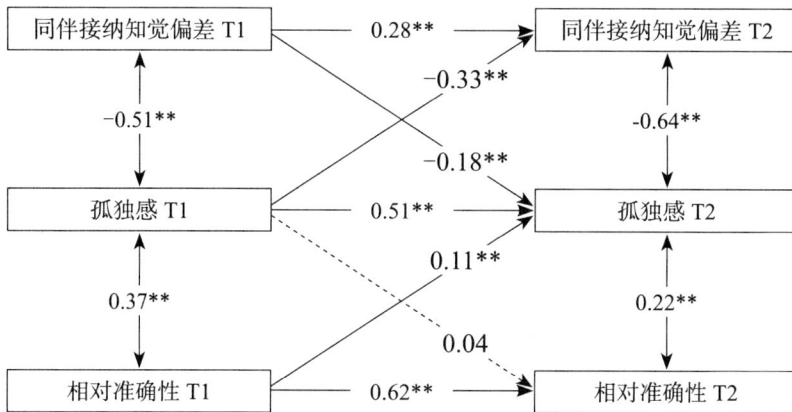

图 10-1　同伴接纳知觉准确性和偏差与孤独感的交叉滞后回归分析

（ 双箭头实线表示变量之间相关显著。单箭头实线表示回归系数显著，虚线表示回归系数不显著。）

11.4 讨论

11.4.1 孤独感与同伴接纳知觉准确性的关系

相关分析结果发现，儿童同伴接纳知觉绝对准确性与孤独感之间相关不显著，没有支持本研究假设（H1），但同伴接纳知觉相对准确性与孤独感存在显著的正相关。儿童同伴接纳知觉绝对准确性与孤独感之间相关不显著的原因是，绝对准确性没有考虑自我知觉的方向性（高估与低估），从而使得绝对准确性较高的儿童可能来自两种不同的倾向，一种是高估了同伴对自己的接纳水平，另一种是低估了同伴对自己的接纳水平。根据相对准确性与孤独感存在正相关的结果可知，高估了同伴对自己接纳水平的儿童，表现出了更高的孤独感，而低估了同伴接纳水平的儿童，则具有较低的孤独感水平。因此，绝对准确性混淆了高估与低估同伴接纳儿童的孤独感，从而使得其与孤独感不存在显著的相关关系。

进一步的回归与交叉滞后分析发现，同伴接纳知觉相对准确性能显著地正向预测当时和一年后的孤独感，即高估同伴接纳的儿童具有较高的孤独感，而低估同伴接纳的儿童具有较低的孤独感，这一结论与我们的假设（H2）相反。我们的假设主要是依据自我知觉对焦虑这一消极情绪有影响的结论得出的。孤独感不同于焦虑，孤独感是一种不愉快的情绪体验，当一个人的社会关系网络比预期的更小或更不满意时，孤独感就产生了（Perlman，Peplau，& Peplau，1984）。卡西迪和阿舍（Cassidy & Asher，1992）也认为孤独感较强的个体期望得到的关系数量和质量要高于客观实际。根据这些观点，我们可以推测，高估了自己同伴接纳水平的儿童，当自我知觉与反映了自身真实水平的外在反馈产生碰撞时，就容易产生和体验到更多的孤独感。这说明，客观的同伴经验与自我知觉的冲突是孤独感产生和发展的重要因素。另外，交叉滞后分析结果发现，孤独感并不能显著地预测一年后的同伴接纳知觉相对准确性，说明同伴接纳知觉相对准确性对孤独感是单向的影响关系，反映出高孤独感儿童可能存在认知上的缺陷，从而表现出高估同伴对自己的接纳。

综上，同伴接纳知觉准确性与孤独感的关系有别于其与抑郁和焦虑之间的关系，表明不同消极情绪与同伴接纳知觉准确性的关系并不存在一致性。本研究中同伴接纳知觉绝对准确性与孤独感相关不显著，但同伴接纳知觉相对准确性可以显著预测当前和一年后的孤独感；这表明，高估自身同伴接纳水平的儿童孤独感水平较高，反之，低估自身同伴接纳的儿童具有较低水平的孤独感。

11.4.2　孤独感与同伴接纳知觉偏差的关系

回归分析结果表明，同伴接纳知觉偏差可以显著负向预测当时和一年后的孤独感，说明积极的同伴接纳知觉偏差有利于降低儿童的孤独感。研究结果支持了本研究假设（H3），并验证了前人的研究结果（Cillessen & Bellmore，1999）。同时，研究结果也支持了积极的同伴接纳知觉偏差有利于心理健康的理论观点，如泰勒和布朗（Taylor & Brown，1988）认为积极的自我知觉偏差是心理健康的重要特征，因为心理健康的个体会倾向于将自己评价为拥有比实际情况更高的控制能力，表现出非现实的乐观。支持积极自我知觉偏差有利于情绪适应观点的研究者们认为，乐观地估计自己的能力会使个体更为努力，努力得更久，从而更好地应对环境的挑战（Pajares，2001）。他们还认为，一个乐观的个体能够发展和获得有效应对危险环境的技能和有弹性的自信（Fournier et al，2002）。这种个体对自己和他人展现出的积极态度能够让大家认为他是一个乐观、积极向上和有较少情绪障碍的人（Taylor，et al.，2003）。总之，积极同伴接纳知觉偏差有利于维持心理健康，避免失望、悲观、抑郁和孤独感等消极情绪的产生和发展。

交叉滞后分析结果表明，孤独感可以显著负向预测一年后的同伴接纳知觉偏差，表明同伴接纳知觉偏差与孤独感之间是双向影响关系。研究结果一方面支持了积极自我知觉偏差有利于情绪适应的观点（Taylor，et al.，2003），同时也支持了孤独感形成与发展的孤独环模型（loneliness loop）（Cacioppo，et al.，2006；Hawkley & Cacioppo，2010）。此外，同伴接纳知觉偏差与孤独感之间的相互影响关系也支持了社会判断与情感之间具有相互作用的观点。如有研究者（Mischel，1979）认为，情感并不仅仅只是社会判断的结果变量，它同时也影响着个体对自己态度以及预测他人对自己态度。

总之，同伴接纳知觉偏差与孤独感存在相互负向影响的关系，结果支持了积极自我知觉偏差有利于情绪适应的观点和孤独感形成与发展的孤独环模型。

11.4.3　本研究的不足与改进方向

首先，本研究采用的是追踪研究设计，因此存在追踪研究所固有的缺陷，即被试的流失问题。本研究中虽然被试的流失比率不大，但是流失的被试很可能是那些适应不良的儿童。对于这部分儿童对本研究结果的影响，本研究尚未涉及。其次，本研究的三个关键变量（同伴接纳知觉偏差、相对准确性和绝对准确性）的测量是基于同伴评定得分。虽然研究表明儿童能够准确地评价自己对他人的喜好程度，而且以往的研究也采用同样的方法进行计算，但是仍可能存在评分者的偏差问题。基于当前研究方法和统计分析方法的限制，本研究并不能有效分离评分者偏差效应。但随着统计分析技术的发展，今后的研究可以通过较好的数据统计分析方法，将评分者偏差效应分离出来，使标准参照变量更客观。最后，本研究是采用为期一年的追踪研究设计，一年的间隔对于探讨变量之间的相互影响作用说服力有限，因此今后的研究设计应考虑采用更长时程的研究设计，考察儿童孤独感和知觉偏差与准确性之间的相互影响作用。

11.5 小结

本研究的结果表明：

（1）同伴接纳知觉绝对准确性与孤独感相关不显著，但同伴接纳知觉相对准确性可以显著预测当前和一年后的孤独感。

（2）同伴接纳知觉偏差与孤独感具有双向影响作用，积极同伴接纳知觉偏差有利于降低儿童的孤独感，并且孤独感能正向预测后期的同伴接纳知觉偏差。

\ 第十二章 \ 儿童同伴接纳知觉准确性及偏差对社交退缩的影响 *

12.1 引言

社交退缩是儿童被同伴孤立或拒绝的行为表征（Gazelle & Ladd，2003），反映了儿童社会交往动机和人际互动的缺乏（Coplan，Prakash，O'Neil，et al.，2004），它是个体成长过程中表现出的一种特殊的孤独气质（Fox，Henderson，Marshall，et al.，2005）。以往的研究表明，在儿童中后期，表现出较多活跃退缩行为的儿童会出现较差的社会认知能力、较强的攻击性和较多的外显问题行为（Harrist et al.，1997；Rubin & Mills，1988）。同伴接纳知觉准确性与儿童社会适应的研究结果也表明，不能准确评价自己同伴接纳能力是儿童社会适应的风险因素，例如，这样的儿童更容易出现攻击等不良社会适应行为（Bouffard et al.，2011；Cole et al.，1999）。总之，社交退缩儿童可能表现出较低的同伴接纳知觉准确性。

社交退缩儿童通常不受同伴欢迎，在社交活动中经常被同伴拒绝，受到

---

* 本章部分内容已经发表在《心理科学》，2013 年第5 期。

忽视，甚至被当作欺侮的对象，他们一般对自己社会能力的评价较低（Oh，Rubin，Bowker，et al.，2008）。此外，由于社交退缩儿童遭遇了更多的不良同伴交往经历，他们在社交技能的自我知觉中产生消极的自我认知、自我评价，且对外部世界具有敌意倾向（Ladd，2006）。

综上，童年期是儿童社会认知能力快速发展的重要时期，在这期间，他们开始通过社会比较来不断提高自己的自我评价能力，而且随着复杂信息加工能力的发展，他们也逐渐提高自我知觉的准确性。以往的研究结果表明，儿童的同伴接纳知觉具有不同程度的准确性和偏差（Boivin & Begin，1989；Hymel et al.，1993）。而同伴接纳知觉准确性与社交退缩行为之间可能存在一定的关系，如社交退缩的儿童可能具有消极的同伴接纳知觉和具有较低的同伴接纳知觉准确性。因此，本研究以小学三年级到六年级的儿童为研究对象，探讨同伴接纳知觉准确性及偏差对两类社交退缩行为（安静退缩和活跃退缩行为）的预测作用。基于文献，我们假设：儿童自我知觉准确性可以显著正向预测社交退缩；儿童自我知觉偏差可以显著负向预测社交退缩。

12.2 研究方法

12.2.1　研究对象

本研究采用随机整群抽样法，抽取武汉市某小学三年级到六年级共四个年级的学生为研究对象。四个年级共498名（222名女生，276名男生）儿童参加了问卷调查，其中三年级124人，四年级129人，五年级116人，六年级129人。

12.2.2　研究工具

同伴评定　同9.2.2节。

知觉评定　同9.2.2节。

儿童能力自我知觉量表 同 4.2.2 节。

班级戏剧量表 同 8.2.2 节。

12.2.3 同伴接纳知觉准确性及偏差测量指标的计算

同 9.2.3 节。

12.2.4 数据处理与统计分析思路

主试为经过培训后的心理学专业研究生，以班级为单位进行团体施测，所有问卷均当场收回。采用 filemaker6.0 软件对数据进行录入和管理，采用 SPSS17.0 进行数据的统计分析。

12.3 结果

12.3.1 同伴接纳知觉准确性及偏差与社交退缩的相关关系

儿童社交退缩与同伴接纳知觉准确性及偏差的相关关系如表 12-1 所示。由表 12-1 可知，同性同伴接纳知觉准确性和异性同伴接纳知觉准确性与安静退缩和活跃退缩均存在显著的正相关关系。同伴接纳知觉偏差与安静退缩存在显著的负相关关系，但与活跃退缩不存在显著的相关关系。

表 12-1 社交退缩与同伴接纳知觉准确性及偏差的相关

	M±SD	安静退缩	活跃退缩	同性同伴接纳知觉准确性	异性同伴接纳知觉准确性	同伴接纳知觉偏差
安静退缩	0.25±0.51	1				
活跃退缩	0.48±1.00	0.67**	1			
同性同伴接纳知觉准确性	0.37±0.28	0.18**	0.23**	1		

	M±SD	安静退缩	活跃退缩	同性同伴接纳知觉准确性	异性同伴接纳知觉准确性	同伴接纳知觉偏差
异性同伴接纳知觉准确性	0.34±0.27	0.12*	0.18**	0.34**	1	
同伴接纳知觉偏差	0.00±1.00	-0.17**	-0.05	-0.01	-0.02	1

12.3.2　同伴接纳知觉偏差与准确性对孤独感的预测作用

为了进一步探讨儿童同伴接纳知觉准确性及偏差对社交退缩的预测作用，分别以安静退缩和活跃退缩为因变量，在控制年级和性别的影响后，以同伴接纳知觉偏差、同性同伴接纳知觉准确性和异性同伴接纳知觉准确性为自变量，进行层级回归分析。回归模型以性别（男生标记为 1，女生标记为 0）和年级（三年级标记为 0，四年级标记为 1，五年级标记为 2，六年级标记为 3）为第一层变量，采用恩特法建立回归方程；将同性同伴接纳知觉准确性、异性同伴接纳知觉准确性和同伴接纳知觉偏差纳入第二层方程中。

表 12-2　社交退缩对同伴接纳知觉准确性及偏差的回归分析

	安静退缩					活跃退缩				
	F	R^2	ΔR^2	Bate	t	F	R^2	ΔR^2	Bate	t
第一步	12.11**	0.04	0.04**			7.22	0.01	0.01		
年级				0.08	1.77				0.04	0.87
性别				-0.21	-4.87**				0.06	1.31
第二步		0.11	0.07**				0.07	0.06**		
同性同伴接纳知觉准确性				0.15	3.21**				0.20	4.18**
异性同伴接纳知觉准确性				0.09	1.96*				0.14	2.35*
同伴接纳知觉偏差				-0.18	-4.25**				-0.04	-0.98

　　回归分析结果如表 12-2 所示，由表 12-2 可知，同伴接纳准确性和偏差均可显著预测安静退缩，表明同伴接纳知觉准确性较差和具有消极同伴接纳知觉的儿童可能表现出更多的安静退缩行为。对活跃退缩而言，同伴接纳知觉准确性具有显著的正向预测作用，但同伴接纳知觉偏差的预测作用不显著。

12.4 讨论

12.4.1　同伴接纳知觉准确性对社交退缩行为的影响

　　研究发现，同性知觉准确性和异性知觉准确性均可显著正向预测儿童的安静退缩和活跃退缩行为，表明儿童对同伴接纳的知觉准确性越低，则越容易表现出社交退缩行为。换句话说，那些能准确知觉到同伴对自己喜欢程度的儿童表现出较少的社交退缩行为。研究结果支持了原假设，表明社交退缩儿童可能存在认知缺陷，即不能准确评价同伴对自己的接纳情况。安静退缩和活跃退缩儿童均表现出较差的同伴接纳知觉准确性，即他们均不能准确评价同伴对自己的接纳程度。这种结果表明社交退缩儿童可能存在社会信息认知加工的缺陷，如编码的精确性较差（Harrist et al.，1997）。研究结果也得到以往同类研究的支持，如研究表明，在童年中后期，社交退缩的儿童会表现出较强的攻击性和较多的外显问题行为，同时也表现出较差的社会认知能力（Harrist et al.，1997；Rubin & Mills，1988）。研究结果也得到了一些理论观点的支持，如社会能力理论认为，知道哪些人喜欢自己和哪些人不喜欢自己，不仅有利于儿童预测他人在特定社会情境中的反应，而且有利于儿童调整自己的行为，从而获得更多的社会接纳（Crick & Dodge，1994）。反之，则更容易产生消极的社会行为以及获得较少的社会接纳。此外，研究结果也得到了自我确认理论的支持。自我确认理论认为，自我知觉与外部评价的整合有利于儿童发展确定感和预测力。但对于外部的社会反馈，不论是积极的还是消极的，都会引起儿童的压力感和其他不良情感反应，从而导致不良行为的产生（Giesler et al.，1996）。另外，在过去的很长时间里，多数心理学家一直坚信，真实、准确的自我知觉是获得幸福和成功的必要前提（Colvin et al.，1995），一个适应良好的个体应当对自我有着正确的认识，而那些头脑中常存错觉、不能清醒认识自我的人往往容易受到心理疾病的侵扰（刘肖岑等，2011b）。总之，根据这些理论观点，儿童如果不能准确评估自己被同伴接纳实际的现状，则更可能遭遇到与自我评价不一致的社会反馈，从而导致痛苦，产生孤独感和社交退缩行为。

12.4.2　同伴接纳知觉偏差对社交退缩行为的影响

本研究发现，同伴接纳知觉偏差可以显著负向预测安静退缩，但是对活跃退缩则不具有显著的预测效应。研究结果部分支持了研究假设，也与以往的研究结果有一定的差异，如研究认为社交退缩儿童均表现出消极的自我认知、自我评价（Ladd，2006）。然而他们并没有区分安静退缩和活跃退缩儿童之间的差异。本研究结果进一步揭示了同伴接纳知觉偏差对两类社交退缩儿童具有不同的影响作用。安静退缩是指儿童由于社会性害羞、焦虑或者过度的社交敏感而在群体之外活动，这种类型的社交退缩与消极自我知觉相伴生，使得儿童更可能产生内隐性行为问题（Rubin & Mills，1988）。追踪研究结果也表明安静退缩儿童具有较为消极的社会能力自我评价（Rubin et al.，1989）。因此，安静退缩儿童通常消极评价自己的社交能力，即倾向于认为自己比他人更不受到同伴的欢迎。然而，相对安静退缩儿童而言，活跃退缩儿童通常是由于具有攻击行为或控制力较差、缺乏有技巧的社交行为等而遭受同伴的拒绝和孤立不得不离开同伴群体（Harrist et al.，1997），他们与其他儿童的差异主要在社会信息加工过程中的反应计划的生成和执行阶段。因此，活跃退缩儿童的社交能力自我评价与其他儿童并不存在差异，即他们倾向于认为自己受同伴欢迎的程度与其他儿童一样。

12.5 小结

本研究的结果表明：

（1）同伴接纳知觉准确性均可预测安静退缩和活跃退缩。

（2）同伴接纳知觉偏差可显著预测安静退缩，但对活跃退缩不具有显著的预测效应。

\ 第十三章 \ 结论、启示与展望

本研究采用纵向追踪的研究设计，深入考察了儿童及青少年社交自我知觉的现状，并着重分析了儿童社交自我知觉的发展特点及其与同伴交往变量之间的关系；在此基础上，本研究进一步考察了社交自我知觉对孤独感和安静退缩的影响。本研究深入分析了儿童同伴接纳知觉准确性与偏差的特点及其与同伴交往的关系，还深入地探讨了准确性与偏差对孤独感和安静退缩的影响。本章将总结系列研究中有意义的结论，在深入思考这些结论的基础上提出预防和干预的建议，总结本研究的创新之处和不足之处。

13.1 研究结论

13.1.1　儿童及青少年社交自我知觉的现状及其与同伴交往的关系

儿童及青少年社交自我知觉的整体水平相对较高，并且女生社交自我知觉显著高于男生；在小学阶段三年级至五年级学生，儿童的社交自我知觉不存在显著差异，但是六年级儿童的社交自我知觉显著高于其他所有年级儿童的社交自我知觉。此外，高二年级学生的社交自我知觉得分显著低于五年级、六年级和初一学生的得分。整体而言，小学阶段社交自我知觉增长，到六年级达到顶峰，此后在初一时迅速下降，并且在中学阶段保持稳定。

同伴接纳高分组儿童的社交自我知觉显著高于一般接纳组和低分组儿童，但是一般接纳组和低接纳组儿童的社交自我知觉不存在显著差异。

友谊质量和消极提名对儿童社交自我知觉的预测效应不显著，而同伴乐观对社交自我知觉的预测效应最大，积极提名的预测作用相对较小。纵向追踪结果表明，同伴交往变量（同伴乐观、友谊质量、积极提名和消极提名）均可以显著预测一年后的社交自我知觉。

同伴乐观、友谊质量与社交自我知觉是相互影响的作用机制，而积极提名、消极提名对社交自我知觉的影响是单向的。

13.1.2　儿童社交自我知觉的发展轨迹及其性别差异

儿童社交自我知觉具有显著增长的趋势，儿童社交自我知觉的发展变化轨迹可以分为三个组别：高－慢增长组、高－快降低组和低－快增长组。其中，高－慢增长组的儿童占据绝大部分，占所有儿童的 88.9%；高－快降低组的儿童占 6.8%。低－快增长组的儿童占 4.3%。

整体上，儿童社交自我知觉存在显著的性别差异，但是儿童社交自我知觉发展轨迹组的性别分布不存在显著差异，说明三年级至六年级儿童的社交自我知觉存在显著的性别差异，且这种性别差异比较稳定。

13.1.3　儿童社交自我知觉的发展对孤独感的影响

儿童社交自我知觉对当前的孤独感具有显著的预测效应。但是，在控制了前测孤独感的情况下，两年前的社交自我知觉对当前的孤独感不具有显著的预测效应。研究结果反映了社交自我知觉对孤独感的影响可能是短期效应，而不是长期效应。

三年间，社交自我知觉低－快增长组和高－慢增长组的孤独感均显著降低，而高－快降低组的孤独感则显著增加。三组之间在初始测量的孤独感上存在显著的差异，具体表现在低－快增长组＞高－快降低组＞高－慢增长组。此外，后测数据结果发现，高－快降低组的孤独感显著高于其他两组，而低－快增长组和高－慢增长组之间不存在显著的差异。结果说明儿童孤独感将会随着社交自我知觉的变化而变化，并且儿童孤独感可能具有一定的可塑性，即无论初始测量时孤独感水平高低，三年后的孤独感水平主要受到社交自我知觉发展变化特点的影响。

13.1.4 儿童社交自我知觉的发展对社交退缩的影响

纵向研究发现，初始测量时的社交退缩对两年后的社交退缩具有显著的预测作用，结果表明社交退缩具有较高的稳定性。此外，社交自我知觉可以显著预测当前的社交退缩。但是在控制了前测社交退缩的影响之后，初始测量时的社交自我知觉对两年后的社交退缩的影响效应不显著，表明社交自我知觉对社交退缩的影响可能不存在长时效应。

如果早期安静退缩水平较低的儿童的社交自我知觉显著降低，那么他们的社交退缩水平也将显著增长。初始测量时社交自我水平较低组的儿童，其快速增长的社交自我知觉将显著降低社交退缩。然而，早期安静退缩水平较高的儿童即使在随后的三年中提高社交自我知觉，仍无法降低退缩水平。这说明社交自我知觉对安静退缩的影响可能是单向的，安静退缩行为在一定程度上是不可逆的。

13.1.5 儿童同伴接纳知觉准确性与偏差的现状及发展变化特点

随着年级的升高，儿童同伴接纳知觉的准确性越来越高，并且同伴接纳知觉偏差具有从消极方向往积极方向发展的趋势。此外，儿童同性同伴接纳知觉准确性不存在显著的性别差异，四年级男生的异性同伴接纳知觉准确性低于女生，其他年级则无性别差异。

13.1.6 儿童同伴交往变量对同伴接纳知觉准确性与偏差的影响

不同社交地位儿童的同伴接纳知觉准确性存在显著的差异，具体表现为：一般接纳组儿童能比较准确评价自己的同伴接纳，而高接纳组儿童与低接纳组儿童对自己同伴接纳的评价不甚准确。高接纳组儿童倾向于低估自己的实际同伴接纳水平，而低接纳组儿童倾向于高估自己的实际同伴接纳水平；但是，不同社交地位的儿童在同伴接纳知觉偏差上不存在显著的差异。

积极提名和消极提名均可显著预测同伴接纳知觉绝对准确性、同伴接纳知觉相对准确性和同伴接纳知觉偏差；友谊质量可以显著负向预测同伴接纳知觉绝对准确性，社交自我知觉可以显著负向预测同伴接纳知觉相对准确性和正向预测同伴接纳知觉偏差。

13.1.7 儿童同伴接纳知觉准确性及偏差与孤独感的关系

同伴接纳知觉绝对准确性与孤独感相关不显著，但同伴接纳知觉相对准确性能显著地正向预测当时和一年后的孤独感，即高估同伴接纳的儿童具有较高的孤独感，而低估同伴接纳的儿童具有较低的孤独感。此外，同伴接纳知觉偏差与孤独感具有双向影响作用，积极同伴接纳知觉偏差有利于降低儿童的孤独感，并且孤独感能正向预测后期的同伴接纳知觉偏差。

13.1.8 儿童同伴接纳知觉准确性及偏差对社交退缩的影响

同性知觉准确性和异性知觉准确性均可显著正向预测儿童的安静退缩和活跃退缩行为。儿童对同伴接纳的知觉准确性越低，则越容易表现出社交退缩行为，即能准确知觉到同伴对自己喜欢程度的儿童表现出较少的社交退缩行为。其次，同伴接纳知觉偏差可以显著负向预测安静退缩，但是对活跃退缩则不具有显著的预测效应。

13.2 研究结果对预防与干预的启示

13.2.1 对社交自我知觉的预防与干预的启示

本研究发现，童年中后期，儿童的社交自我知觉存在显著的性别差异，表现为女生普遍高于男生。同时，研究还发现，儿童社交自我知觉整体上具有显著的增长趋势，不过并不是所有儿童均表现出同样的增长趋势，而是可以分为三种类型：高－慢增长组、高－快降低组和低－快增长组。在三组儿童中，高－快降低组的儿童通常会有较为严重的社会适应不良问题。

研究结果对预防与干预的指导意义主要体现在对社交自我知觉降低组儿童的关注上。虽然大部分儿童将随着年龄的增长，社交能力的自我知觉会逐渐提高，但是仍有少部分儿童对自己社交能力的评价越来越低。这些降低组的儿童可能在同伴交往过程中遇到了挫折，是适应不良的高危人群，例如，本研究发现这些儿童有着更高的孤独感和表现出更多的社交退缩行为。这提示我们，无论是家长还是老师，都应该对这类儿童投入更多关注，通过各种方法提高他们对自己社交能力的认知评价。例如，引导儿童正确认识自己的社交能力，通过主动发起交往，获得更多的社交经验，最终提高社交能力自我知觉。其次，研究还发现低－快增长组的儿童占比4.3%，这说明儿童社交自我知觉具有一定的可塑性。也就是说，对于那些社交自我知觉起始水平较低的儿童，如果后期能够得到老师和家长的关注，通过更多的同伴交往获得更多的实践经验，从而提升社交自我知觉，那么这些儿童的社会适应也会得到极大的改善。

13.2.2 对知觉准确性及偏差的预防与干预的启示

研究表明，随着年级的升高，儿童同伴接纳知觉的准确性越来越高，并且同伴接纳知觉偏差具有从消极往积极方向发展的趋势。儿童同性同伴接纳知觉准确性不存在显著的性别差异；四年级男生的异性同伴接纳知觉准确性低于女生，其他年级学生的异性同伴接纳知觉则无性别差异。研究结果揭示了儿童同伴接纳知觉准确性与偏差的发展变化特点。本研究发现，积极的知觉偏差有利于儿童的社会适应。大量的研究与理论支持了这一观点。积极自我知觉偏差是一种普遍的社会现象，存在于不同的文化背景之下。例如，积极自我知觉在年龄较小的儿童群体中非常普遍，并被认为是一种普遍的发展现象（Bouffard et al., 1998；Harter, 1993）。一项对266个研究的元分析结果表明，虽然不同年龄和文化之间存在显著的差异，但是积极的自我知觉偏差普遍存在所有的人群中（Mezulis et al., 2004）。另外，有研究指出自我增强（self-enhancement，也译为自我提升）和自我服务倾向（self-serving bias）是非常普遍的现象（Sedikides et al.，2005；郭婧等，2011；刘肖岑等，2011a），人们通常将积极和满意的结果归因为自身能力，而将消极和不满意的结果归因为外在因素，并且倾向于维持或提升个体自我价值感。自我增强被认为是人们普遍寻求正面评价的倾向，人们有提高个人价值感或增强自尊的动机，它使人们强烈要求获得积极评价和反馈（韩立丰，王重鸣，2011；李艳梅，付建斌，1996）。

由本研究与相关的理论和文献证据可知，整体上，儿童的同伴接纳知觉偏差具有从消极向积极的发展趋势，如何加快或者提升其发展速度显得尤为重要。特别是对那些仍然具有消极知觉偏差的儿童，人们可能需要投入更多的精力，关注他们对自己同伴交往能力和同伴接纳现状的认知评价，通过提供更多的同伴交往机会，训练他们的社交技能，提供更多的社会支持，引导他们正向评价自己的交往经验，矫正他们的消极自我知觉偏差，从而提升这些儿童的社会适应能力。

13.2.3　对孤独感的预防与干预的启示

本研究发现，早期的社交自我知觉对孤独感可能更多的是短期效应，而不是长期效应。同时，研究还发现，孤独感会随着社交自我知觉的发展变化而变化，体现在社交自我知觉增长，孤独感降低；社交自我知觉降低，孤独感增长。这些结果反映出了早期社交自我知觉发展水平的影响效应更多体现在短期效应上，而长期效应应该体现在社交自我知觉的发展特点上。换句话说，即使早期社交自我知觉水平较低，但是如果后期社交自我知觉有发展的趋势，那么其孤独感也会得到显著缓解。它体现了社交自我知觉在缓解孤独感上的可干预性与有效性。

此外，进一步的研究发现，同伴接纳知觉绝对准确性与孤独感相关不显著，但同伴接纳知觉相对准确性可以显著负向预测当前和一年后的孤独感；同伴接纳知觉偏差与孤独感具有双向影响作用，积极同伴接纳知觉偏差有利于降低儿童的孤独感，并且孤独感能正向预测后期的同伴接纳知觉偏差。这种结果反映了有孤独感的儿童具有消极的同伴接纳知觉偏差，也会低估自己同伴接纳现状，表现出适应不良的认知偏差。

以往有研究总结了孤独感的干预方法（Zhang et al.，2014），本研究的发现是这些干预方法重要的实证证据。研究者（Hawkley & Cacioppo，2010）认为孤独感有四种干预模式：加强社交技能的训练；提供更多的社会支持；增加社会交往的机会；改变适应不良的社会认知。一项关于孤独感干预的元分析结果发现，在以往的相关干预研究中，相对其他三种方法，改变不良社会认知对孤独感的改变具有更大的效应量（Masi et al.，2011）。这说明改变不良认知可能是干预孤独感最为有效的方法。

结合本研究的发现和以往的研究（Zhang et al.，2014），我们认为可以在实践过程中通过改变儿童对社会威胁的敏感性、对消极社会信息的注意偏向和消极的社会期望，来改变他们的不良社会认知。同时，可以为孤独感较高的儿童提供更多的社会交往机会，通过实际的交往训练，改变他们的社会认知。此外，与最好朋友之间有着较高水平的友谊质量、拥有一个有着众多好友的朋友以及为同伴团体所接纳，均可以为这些儿童降低孤独感起到良好的干预作用。最后，认知行为疗法是当前最为有效的干预方法，对孤独感较强的儿童，可以通过教授他们发现自己的消极思维，并通过寻找否定性的证据来减少这种偏差性认知，提高个人的自我控制感。当然，引导孤独感较高的儿童对自己能力做出更为客观的评价甚至更为积极的评价，尤其是对他们较为擅长的领域做出积极的评价，可以帮助他们有效对抗孤独感的袭扰。

13.2.4　对社交退缩行为的预防与干预的启示

同伴接纳知觉准确性均可预测安静退缩和活跃退缩，同伴接纳知觉偏差可显著预测安静退缩，对活跃退缩不具有显著的预测效应。进一步的研究发现，社交自我知觉的降低将会导致更高水平的安静退缩，而较高水平的安静退缩儿童，即使其社交自我知觉提升也无法降低其退缩水平。也就是说，如果早期儿童有较高水平的安静退缩，那么他们的退缩行为具有较高的稳定性，即使提升了他们的社交自我知觉，也无法有效改善这一消极行为。然而，对早期具有较低安静退缩水平的儿童而言，如果他们的社交自我知觉显著降低，那么他们的社交退缩水平也将显著增长。由此可见，社交自我知觉对安静退缩的影响可能是一种单向的过程，安静退缩行为在一定程度上是不可逆的。

综合这些研究结果可知，社交自我知觉对安静退缩的影响主要是短期的效应，而社交自我知觉的发展变化趋势则对安静退缩具有长期的影响效应。社交自我知觉较低且存在消极同伴接纳知觉，以及低估自己同伴接纳水平的儿童表现出更多的社交退缩。尤其是社交自我知觉降低组的儿童，安静退缩水平有增长趋势。这一研究结果对社交退缩的预防具有重要的指导意义。也就是说，社交退缩儿童，尤其是安静退缩儿童，普遍表现出不良社会适应认知偏差，因此，在预防儿童社交退缩行为上，若采用认知矫正的方法，可以有效抵御安静退缩的风险。

然而，研究也发现在干预儿童社交退缩上比较遗憾的一面，即，如果早期儿童表现出了较高的安静退缩，那么即使他们的社交自我知觉有显著的提升，他们的安静退缩水平的变化也不大。这可能表明安静退缩儿童存在认知缺陷。现有的研究发现支持了这一观点。如鲁宾等人（Rubin & Mills，1988）认为，安静退缩是指儿童由于社会性害羞、焦虑或者过度的社交敏感而在群体之外活动，这种类型的社交退缩与消极自我知觉相伴而生，使得儿童更可能产生内隐性行为问题。追踪研究结果也表明安静退缩儿童具有较为消极的社会能力自我评价（Rubin et al.，1989）。由此可见，仅提高安静退缩儿童的社交自我知觉可能无法有效干预他们的退缩行为，他们的消极知觉偏差可能与一些生理特征相关，或是存在一些更为重要的影响变量。

13.3 研究展望

13.3.1 研究的创新

基于本书的研究，我们可以了解到儿童及青少年社交自我知觉对社会适应具有重要的影响作用，提高社交自我知觉的水平有助于他们更好地适应环境。然而，我们也发现并不是社交自我知觉水平越高越好。研究表明，能够准确知觉到同伴对自己喜爱程度的儿童表现出了较少的社交退缩行为，但是高估同伴接纳的儿童具有较低的孤独感；积极同伴接纳知觉偏差有利于降低儿童的孤独感和减少安静退缩行为。这提示我们，单纯提高儿童的社交自我知觉可能并不一定能促进其社会适应，在提升儿童及青少年的社交自我知觉的同时，还应通过提高他们的社交技能等方式，提高他们的实际的社交能力。相关的干预措施有待今后的研究深入探索。

首先，本研究主要采用纵向追踪设计，考察了儿童社交自我知觉和同伴接纳知觉准确性与偏差的发展变化特点，特别是采用个体中心视角探讨了儿童社交自我知觉的发展变化轨迹的异质性群组。本研究的发现有助于人们更好地认识童年中后期的儿童社会认知的发展特点。同时，追踪研究设计也有利于深入地考察各个变量与社会适应的影响效应，特别是变量之间的因果联系。

其次，本研究对社交自我知觉以及社交自我知觉准确性和偏差进行了深入的探讨，这是一种层层深入的研究设计，有助于推进儿童自我知觉的研究。

此外，孤独感和社交退缩分别反映了儿童的情绪适应和行为适应。因此，本研究的相关研究结果具有较强的代表性，能够较好地反映儿童社交自我知觉和知觉准确性与偏差对社会适应的影响现状。同时，对社交自我知觉和知觉准确性与偏差对孤独感和社交退缩的影响机制分析，有助于人们认识社会认知对两个适应变量的影响效果，也有助于人们思考相关干预方法。本研究为今后开展有关孤独感和社交退缩的干预研究提供较为坚实的实证证据。

最后，本研究深入分析了儿童社交自我知觉的相关研究进展，同时也总结和归纳了国内外关于自我知觉准确性与偏差的研究进展。相关的研究成果，对于开展同类研究具有借鉴意义。

13.3.2　研究的不足

本研究作为一项对儿童社会认知的探索性研究，因条件的限制，在研究中也存在一些不足。

　　首先，样本的代表性问题。由于本研究的所有样本均来自湖北省武汉市的某所小学，因此更多的是代表了中部城市儿童的基本情况，对于西部地区或者东部地区的儿童，或农村地区的儿童，可能代表性不够。经济较为发达地区的儿童相对经济欠发达地区的儿童，他们的父母社会经济地位总体上相对较高，他们也有更好的社会环境和学校教育环境，他们可能经历了更多的社会交往，掌握了更多的社交技能，对自己的社交能力也有较为准确的认识。同样，相比农村地区的儿童，尤其是留守儿童，城市儿童可能也具有较高的社交自我知觉，而相反，农村地区的儿童可能对自己的社交能力有着更为消极的认知。因此，后续的研究应该在样本的代表性上做足功课，通过具有代表性的抽样方法，深入分析不同区域儿童的社交自我知觉及其知觉准确性与偏差的特点。

　　其次，本研究虽然采用的是追踪研究设计，但是主要针对三年级至六年级的儿童。这一群体只能代表童年中后期儿童的发展特点。因此，对于童年期，甚至青春期这一相对跨度较大的发展期的社交自我知觉和知觉准确性与偏差的发展特点有待更多研究的深入探讨。同时，本研究是为期三年的追踪研究，追踪时限相对较短。长时程的追踪研究设计，有利于更好地挖掘各个变量的发展特点和变量之间的因果关系。

　　此外，本研究各个变量的测量方法主要采用自我报告法和同伴提名法。未来需要采用更多的方法进行测量，例如父母报告法、教师报告法、观察法等。使用这些方法可以有效地弥补自我报告法和同伴提名法的不足，提高变量测量的准确性，降低误差。

　　再次，众所周知，社会适应是一个宏观的变量，包括孤独感、社交退缩、攻击行为、抑郁等各类变量。由于各种条件的限制，本研究无法研究所有的社会适应变量。因此，虽然本研究选取了分别代表情绪适应的孤独感和行为适应的社交退缩作为社会适应的代表性变量，且前期的文献综述也反映出了这两个变量与儿童社交自我知觉和知觉准确性与偏差的关系最为密切，但是，相关的研究结果能否推论到社会适应这一宏观变量，有待更多的研究去探讨。

　　最后，本研究并没有涉及相关干预的研究。本研究通过实证研究的方法揭示了儿童社交自我知觉和知觉准确性与偏差对社会适应变量的影响机制，并据此提出了一些干预与预防的策略。但因条件限制，本研究没有开展干预研究。因此，为了检验干预的建议，后续的研究应该据此进行干预研究，通过这些研究检验相关的干预建议。

参考文献

蔡春凤，周宗奎．童年中期同伴关系、同伴关系知觉与心理行为适应的关系［J］．心理科学，2006，29（5）：1086-1090．

陈会昌，王秋虎，陈欣银．对学生学习成绩与社会行为的交叉滞后分析［J］．心理学报，2001，33（6）：532-536．

丁雪辰，刘俊升，李丹，等．Harter 儿童自我知觉量表的信效度检验［J］．中国临床心理学杂志，2014，22（2）：251-255．

郭婧，吕厚超，黄希庭，等．自我服务偏向研究现状与展望［J］．心理科学进展，2011，9（7）：1154-1060．

韩立丰，王重鸣．自我验证与人际一致性：团体多样性利用的新视角［J］．心理科学进展，2011，9（1）：73-84．

黄振地．论"自我"概念的哲学演变．内蒙古民族大学学报：社会科学版，2006，32（1）：74-76．

纪林芹，陈亮，徐夫真，等．童年中晚期同伴侵害对儿童心理社会适应影响的纵向分析［J］．心理学报，2011，43（10）：1151-1162．

雷雳．学习不良少年的自我概念与父母评价的特点及关系［J］．心理科学，1997，20（4）：340-342．

李广政．詹姆斯"自我"理论研究［D］．长春：吉林大学，2012．

李凌．幼儿能力自我知觉的发展研究［D］．上海：华东师范大学，2002．

李凌．自我知觉积极偏向的理论解释和意义分析［J］．心理科学，2004，27（4）：113-115．

李艳梅，付建斌．自我增强与自我验证［J］．心理学动态，1996（4），24-29．

李幼穗，孙红梅．儿童孤独感与同伴关系、社会行为及社交自我知觉的研究［J］．心理科学，2007，30（1）：84-88．

刘爱书，于增艳，杨飞龙，等．儿童社交退缩、同伴关系和社会信息加工特点的关系

［J］.心理科学，2011，34（5）：1113-1119.

刘锋.不同人际熟悉度下4～6岁幼儿的社交退缩行为与自我知觉的关系研究［D］.重庆：西南大学，2010.

刘娟.同伴关系不利，儿童的自我概念与同伴信念和攻击行为的关系［D］.济南：山东师范大学，2011.

刘凌.婴儿自我认知的发生、发展及其与母婴依恋的关系［D］.大连：辽宁师范大学，2009.

刘肖岑，桑标，窦东徽.人际／非人际情境下青少年外显与内隐的自我提升［J］.心理学报，2011a，43（11）：1293-1307.

刘肖岑，桑标，窦东徽.自我提升的利与弊：理论实践及应用［J］.心理科学进展，2011b，19（6）：883-895.

卢永彪，吴文峰.儿童应激事件、自我知觉与抑郁症状关系的追踪研究［J］.中国临床心理学杂志，2013，21（4）：666-668.

明月.童年中期儿童的同伴乐观，社交自我知觉与同伴交往的关系研究［D］.武汉：华中师范大学，2014.

孙炯雯，郑全全.在社会比较和时间比较中的自我认识［J］.心理科学进展，2004，12（2）：249-245.

孙铃，陈会昌，单玲.儿童期社交退缩的亚类型及与社会适应的关系［J］.心理科学进展，2004，12（3）：395-401.

孙晓军,周宗奎,范翠英,等.童年中期不同水平的同伴交往变量与孤独感的关系[J].心理科学，2009，32（3）：567-570.

孙晓军,周宗奎.儿童同伴关系对孤独感的影响［J］.心理发展与教育,2007,23（1）：24-29.

孙晓军.儿童社会行为、同伴关系、社交自我知觉与孤独感的关系研究［D］.武汉：华中师范大学，2006.

万晶晶，周宗奎.国外儿童同伴关系研究进展［J］.心理发展与教育，2002，3（3）：91-95.

王济川，王小倩，姜宝法.结构方程模型：方法与应用［M］.北京：高等教育出版社，2011.

王娟.4～6岁幼儿自我知觉与同伴地位的相关研究［D］.杭州：浙江大学，2006.

王美芳，陈会昌.小学高年级儿童的学业成绩、亲社会行为与同伴接纳、拒斥的关系［J］.心理发展与教育，2000（3）：7-11.

王轶楠.有关自我增强跨文化普遍性的争论［J］.心理科学进展，2005，13（6）：822-827.

王永丽，俞国良.学习不良儿童的心理行为问题［J］.心理科学进展，2003，11（6）：675-679.

游志麒，周然，周宗奎.童年中后期儿童同伴接纳知觉准确性与偏差及其对社交退缩的影响［J］.心理科学，2013，36（5）：1153-1158.

俞国良，辛自强.学习不良儿童孤独感、同伴接受性的特点及其与家庭功能的关系［J］.心理学报，2000，32（1）：59-64.

张仕超.母亲教养与初中生成功和失败后反应的关系自我知觉的认知能力的中介作用［D］.济南：山东师范大学，2012.

赵冬梅，周宗奎，刘久军.儿童的孤独感及与同伴交往的关系［J］.心理科学进展，2007，15（1）：101-107.

赵冬梅，周宗奎，孙晓军，等.小学儿童互选友谊的发展趋势及攻击行为的影响：3年追踪研究［J］.心理学报，2008（12）：1266-1274.

赵冬梅，周宗奎.童年中期同伴关系的变化对孤独感的影响［J］.心理科学，2006，29（1）：194-197.

赵冬梅，周宗奎.儿童的同伴交往与社会适应［M］.北京：中国社会科学出版社，2016.

赵冬梅.童年中期儿童孤独感的影响因素：同伴接纳、友谊质量和社交自我知觉［D］.武汉：华中师范大学，2004.

赵冬梅.童年中后期同伴交往的发展与心理适应：3年追踪研究［D］.武汉：华中师范大学，2007.

周宗奎，范翠英.小学儿童社交焦虑与孤独感研究［J］.心理科学，2001，24（4）：442-444.

周宗奎，李萌，赵冬梅.童年中期儿童社会能力与学业成就的交叉滞后研究［J］.心理科学，2006，29（5）：1071-1075.

周宗奎，孙晓军，向远明，等.童年中期儿童同伴交往与孤独感的交叉滞后分析［J］.心理科学，2006，30（6）：1309-1313.

周宗奎，孙晓军，赵冬梅，等.童年中期同伴关系与孤独感的中介变量检验［J］.心理学报，2005，37（6）：776-783.

周宗奎，孙晓军，赵冬梅，等.同伴关系的发展研究［J］.心理发展与教育，2015，31（1）：62-70.

周宗奎，赵冬梅，陈晶，等．童年中期儿童社交地位、社交自我知觉与孤独感的关系研究［J］．心理发展与教育，2003，19（4）：70-74.

周宗奎，赵冬梅，孙晓军，等．儿童的同伴交往与孤独感：一项 2 年纵向研究［J］．心理学报，2006，38（5）：743-750.

周宗奎，朱婷婷，孙晓军，等．童年中期社交退缩类型与友谊和孤独感的关系研究［J］．心理科学，2006（3）：536-540.

朱婷婷．童年中期社交退缩及其与孤独感的关系［D］．武汉：华中师范大学，2006.

ALICKE M D, GOVORUN O. The better-than-average effect［M］// ALICKE M D, DUNNING D D, KRUEGER J I. The self in social judgment. New York: Psychology, 2005: 86-106.

ALICKE M D, SEDIKIDES C. Self-enhancement and self-protection: what they are and what they do［J］. European review of social psychology, 2009, 20（1）: 1-48.

ALLOY L B, ABRAMSON L Y. Judgment of contingency in depressed and nondepressed students: sadder but wiser?［J］. Journal of experimental psychology: general, 1979, 108（4）: 441-485.

ALVES-MARTINS M, PEIXOTO F, GOUVEIA-PEREIRA M, et al. Self-esteem and academic achievement among adolescents［J］. Educational psychology, 2002, 22（1）: 51-62.

AMIE E, NORTON P, OLLENDICK T H. A longitudinal examination of factors predicting anxiety during the transition to middle school［J］. Anxiety, stress, & coping, 2010, 23（5）: 493-513.

ASENDORPF J B, OSTENDORF F. Is self-enhancement healthy? conceptual, psychometric, and empirical analysis［J］. Journal of personality and social psychology, 1998, 74: 955-966.

ASHER S R, HYMEL S, RENSHAW P D. Loneliness in children［J］. Child development, 1984, 55: 1456-1464.

BAKKALOGLU H A. comparison of the loneliness levels of mainstreamed primary students according to their sociometric status［J］. Procedia-social and behavioral sciences, 2010, 2（2）: 330-336.

BANDURA A. Social foundations of thought and action: a cognitive social theory［M］. Englewood Cliffs, NJ: Pretince-Hall, 1986.

BARGH J A. WILLIAMS E L. The automaticity of social life［J］. Current directions in psychological Science, 2006, 15 (1): 1-4.

BAUMEISTER R F, SMART L, BODEN J M. Relation of threatened egotism to violence and aggression: the dark side of high self-esteem [J]. Psychological review, 1996, 103 (1): 5-33.

BECK A T. Depression: clinical, experimental, and theoretical aspects [M]. New York: Harper and Row, 1967.

BELENDIUK K A, CLARKE T L, CHRONIS A M, et al. Assessing the concordance of measures used to diagnose adult ADHD [J]. Journal of attention disorders, 2007, 10 (3): 276-287.

BERDAN L E, KEANE S P, CALKINS S D. Temperament and externalizing behavior: social preference and perceived acceptance as protective factors [J]. Developmental psychology, 2008, 44 (4): 957-968.

BERTELETTI I, LUCANGELI D, PIAZZA M, et al. Numerical estimation in preschoolers [J]. Developmental psychology, 2010, 46 (2): 545-551.

BOIVIN M, BEGIN G. Peer status and self-perception among early elementary school children: the case of the rejected children [J]. Child development, 1989, 60: 591-596.

BOIVIN M, HYMEL S. Peer experiences and social self-perceptions: a sequential model [J]. Developmental psychology, 1997, 33: 135-145.

BOSACKI S L. Children's theory of mind, self-perceptions, and peer relations: a longitudinal study [J]. Infant and child development, 2015 (24): 175-188.

BOUFFARD T, VEZEAU C. The developing self-system and self-regulation of primary school children [M]// MICHEL F, STERNBERG R J. Self-awareness: its nature and development. New York, NY: The Guilford Press, 1998: 246-272.

BOUFFARD T, BOISVERT M, VEZEAU C. The illusion of incompetence and its correlates among elementary school children and their parents [J]. Learning and individual differences, 2002, 14 (1): 31-46.

BOUFFARD T, MARKOVITS H, VEZEAU C, et al. The relation between accuracy of self-perception and cognitive development [J]. British journal of educational psychology, 1998, 68 (3): 321-330.

BOUFFARD T, VEZEAU C, ROY M, et al. Stability of biases in self-evaluation and relations to well-being among elementary school children [J]. International journal of educational research, 2011, 50: 221-229.

BOULTON M J, SMITH P K. Bully/victim problems in middle-school children: stability, self-perceived competence, peer perceptions and peer acceptance [J]. British journal of developmental psychology, 1994, 12 (3): 315-329.

BROWN J D. Coping with stress: the beneficial role of positive illusions [M]// TURNBULL A P, PATTERSON M J, BEH S, et al. Cognitive coping, families, and disability. Baltimore: Paul H. Brookes, 1993: 123-133.

BURNETT P C. Gender and grade differences in elementary school children's descriptive and evaluative self-statements and self-esteem [J]. School psychology international, 1996, 17 (2): 159-170.

BYRNE B M. Self-concept/academic achievement relations: an investigation of dimensionality, stability, and causality [J]. Canadian journal of behavioural science, 1986, 18 (2): 173-186.

CACIOPPO J T, HAWKLEY L C. Perceived social isolation and cognition [J]. Trends in cognitive sciences, 2009, 13 (10): 447-454.

CACIOPPO J T, HAWKLEY L C, ERNST J M, et al. Loneliness within a nomological net: an evolutionary perspective [J]. Journal of research in personality, 2006, 40 (6): 1054-1085.

CAI H, WU Q, BROWN J D. Is self-esteem a universal need ? evidence from the People's Republic of China [J]. Asian journal of social psychology, 2009, 12: 104-120.

CAIRNS R B, CAIRNS B D. The sociogenesis of self concepts [M]// BOLGE N, CASPI A, DOWNEY G, et al.Persons in context: developmental processes. New York: Cambridge University Press, 1988: 181-202.

CALDWELL M S, RUDOLPH K D, TROOP-GORDON W, et al. Reciprocal influences among relational self-views, social disengagement, and peer stress during early adolescence [J]. Child development, 2004, 75 (4): 1140-1154.

CAMPBELL J D, FEHR B. Self-esteem and perceptions of conveyed impressions: is negative affectivity associated with greater realism ? [J]. Journal of personality and social psychology, 1990, 58: 22-133.

CANTIN S, BOIVIN M. Change and stability in children's social network and self-perceptions during transition from elementary to junior high school [J].

International journal of behavioral development, 2004, 28（6）: 561-570.

CARD N A. Antipathetic relationships in child and adolescent development: a meta-analytic review and recommendations for an emerging area of study [J]. Developmental psychology, 2010, 46（2）: 516-529.

CASSIDY J, ASHER S R. Loneliness and peer relations in young children [J]. Child development, 1992, 63: 350-365.

CASSIDY J, KIRSH S J, SCOLTON K L, et al. Attachment and representations of peer relationships [J]. Developmental psychology, 1996, 32（5）: 892-904.

CHANG E C, ASAKAWA K. Cultural variations on optimistic and pessimistic bias for self versus a sibling: Is there evidence for self-enhancement in the West and for self-criticism in the East when the referent group is specified？ [J]. Journal of personality and social psychology, 2003, 84（3）: 569-581.

CHANSKY T E, KENDALL P C. Social expectancies and self-perceptions in anxiety-disordered children [J]. Journal of anxiety disorders, 1997, 11（4）: 347-363.

CHEN X, HE Y, LI D. Self-perceptions of social competence and self-worth in Chinese children: relations with social and school performance [J]. Social development, 2004, 13（4）: 570-589.

CHEN X, HE Y, OLIVEIRA A M D, et al. Loneliness and social adaptation in Brazilian, Canadian, Chinese and Italian children: a multi-national comparative study [J]. Journal of child psychology and psychiatry, 2004, 45（8）: 1373-1384.

CHEN X, RUBIN K. H, LI D. Relation between academic achievement and social adjustment: evidence from Chinese children [J]. Developmental psychology, 1997, 33（3）: 518-525.

CILLESSEN A, BELLMORE A D. Accuracy of social self-perceptions and peer competence in middle childhood [J]. Merrill palmer quarterly, 1999, 45（4）: 650-676.

COLE D A. Relation of social and academic competence to depressive symptoms in childhood [J]. Journal of abnormal psychology, 1990, 99（4）: 422-429.

COLE D A. Change in self-perceived competence as a function of peer and teacher evaluation [J]. Developmental psychology, 1991a, 27（4）: 682-688.

COLE D A. Preliminary support for a competency-based model of depression in children [J]. Journal of abnormal psychology, 1991b, 100 (2): 181-190.

COLE D A. Turner J E. Models of cognitive mediation and moderation in child depression [J]. Journal of abnormal psychology, 1993, 102 (2): 271-281.

COLE D A. JACQUEZ F M, MASCHMAN T L. Social origins of depressive cognitions: a longitudinal study of self-perceived competence in children [J]. Cognitive therapy and research, 2001, 25 (4): 377-395.

COLE D A, MARTIN J M, PEEKE L A, et al. Children's over-and underestimation of academic competence: a longitudinal study of gender differences, depression, and anxiety [J]. Child development, 1999, 70 (2): 459-473.

COLVIN C R, BLOCK J, FUNDER D. C. Overly positive self-evaluations and personality: negative implications for mental health [J]. Journal of personality and social psychology, 1995, 68 (6): 1152-1162.

COOK T D, DENG Y, MORGANO E. Friendship influences during early adolescence: the special role of friends' grade point average [J]. Journal of research on adolescence, 2007 (17): 325-356.

COOLEY C H. Human nature and the social order [M]. New York: Scribner, 1992.

COPLAN R J, PRAKASH K, O'NEIL K, et al. Do you "want" to play ? Distinguishing between conflicted shyness and social disinterest in early childhood [J]. Developmental psychology, 2004, 40 (2): 244-258.

CRICK N R, DODGE K A. A review and reformulation of social information-processing mechanisms in children's social adjustment [J]. Psychological bulletin, 1994, 115 (1): 74-101.

CRICK N R, DODGE K A. Social information-processing mechanisms in reactive and proactive aggression [J]. Child development, 1996, 67: 993-1002.

CROZIER W R, REES V, MORRIS-BEATTIE A, et al. Streaming, self-esteem and friendships within a comprehensive school [J]. Educational psychology in practice, 1999, 15 (2): 128-134.

DAVID C F, KISTNER J A. Do positive self-perceptions have a "dark side" ? examination of the link between perceptual bias and aggression [J]. Journal of abnormal child psychology, 2000, 28 (4): 327-337.

DE FRAINE B, VAN DAMME J, ONGHENA P. A longitudinal analysis of gender differences in academic self-concept and language achievement: a multivariate multilevel latent growth approach [J]. Contemporary educational psychology, 2007, 32（1）: 132-150.

DEPTULA D P, COHEN R, PHILLIPSEN L C, et al. Expecting the best: the relation between peer optimism and social competence [J]. The journal of positive psychology, 2006, 1（3）: 130-141.

DODGE K A, FRAME C L. Social cognitive biases and deficits in aggressive boys [J]. Child development, 1982, 53: 620-635.

DUBOIS D L, SILVERTHORN N. Bias in self-perceptions and internalizing and externalizing problems in adjustment during early adolescence: A prospective investigation [J]. Journal of clinical child and adolescent psychology, 2004, 33（2）: 373-381.

DUNKEL S B, KISTNER J A, DAVID-FERDON C. Unraveling the Source of African American Children's Positively Biased Perceptions of Peer Acceptance [J]. Social development, 2010, 19（3）: 556-576.

EDENS J F, CAVELL T A, HUGHES J N. The Self-systems of aggressive children: a cluster-analytic investigation [J]. Journal of child psychology and psychiatry, 1999, 40（3）: 441-453.

EKORNÅS B, HEIMANN M, TJUS T, et al. Primary school children's peer relationships: discrepancies in self-perceived social acceptance in children with emotional or behavioral disorders [J]. Journal of social and clinical psychology, 2011, 30（6）: 570-582.

EPLEY N, DUNNING D. The mixed blessings of self-knowledge in behavioral prediction: enhanced discrimination but exacerbated bias [J]. Personality and social psychology bulletin, 2006, 32（5）: 641-655.

EVANGELISTA N M, OWENS J S, GOLDEN C M, et al. The positive illusory bias: do inflated self-perceptions in children with ADHD generalize to perceptions of others？ [J]. Journal of abnormal child psychology, 2008, 36（5）: 779-791.

FANTUZZO J W, MCDERMOTT P A, MANZ P H, et al. The pictorial scale of perceived competence and social acceptance: does it work with low-income urban children？ [J].Child development, 1996, 67（3）: 1071-1084.

FLAMMER A. Developmental analysis of control beliefs [M]// BANDURA A.

Self-efficacy in changing societies. Cambridge: Cambridge University Press, 1997: 69-113.

FOURNIER M, DE RIDDER D, BENSING J. How optimism contributes to the adaptation of chronic illness. A prospective study into the enduring effects of optimism on adaptation moderated by the controllability of chronic illness [J]. Personality and individual differences, 2002, 33 (7): 1163-1183.

FOX N A, HENDERSON H A, MARSHALL P J, et al. Behavioral inhibition: linking biology and behavior within a developmental framework [J]. Annual review of psychology, 2005, 56: 235-262.

FRENCH B F, MANTZICOPOULOS P. An examination of the first/second-grade form of the pictorial scale of perceived competence and social acceptance: Factor structure and stability by grade and gender across groups of economically disadvantaged children [J]. Journal of school psychology, 2007, 45 (3): 311-331.

FUNDER D C. Personality judgment: A realistic approach to person perception [M]. San Diego, CA: Academic Press, 1999.

GAGNÉ F M, LYDON J E. Bias and accuracy in close relationships: an integrative review [J]. Personality and social psychology review, 2004, 8 (4): 322-338.

GAZELLE H, LADD G W. Anxious solitude and peer exclusion: A diathesis-stress model of internalizing trajectories in childhood [J]. Child development, 2003, 74 (1): 257-278.

GIESLER R B, JOSEPHS R A, SWANN W B. Self-verification in clinical depression: The desire for negative evaluation [J]. Journal of abnormal psychology, 1996, 105: 358-368.

GRAMZOW R H, ELLIOT A J, ASHER E, et al. Self-evaluation bias and academic performance: some ways and some reasons why [J]. Journal of research in personality, 2003, 37 (2): 41-61.

GREENER S H. Peer assessment of children's prosocial behaviour [J]. Journal of moral education, 2000, 29 (1): 47-60.

GRESHAM F M, LANE K L, MACMILLAN D L, et al. Effects of positive and negative illusory biases: comparisons across social and academic self-concept domains [J]. Journal of school psychology, 2000, 38 (2): 151-175.

GUERRA V S, ASHER S R, DEROSIER M E. Effect of children's perceived rejection on physical aggression [J]. Journal of abnormal child psychology, 2004, 32 (5): 551-563.

HARRIST A W, ZAIA A F, BATES J E, et al. Subtypes of social withdrawal in early childhood: sociometric status and social-cognitive differences across four years [J]. Child development, 1997, 68 (2): 278-294.

HARTER S. The perceived competence scale for children [J]. Child development, 1982, 53: 87-97.

HARTER S. Developmental perspectives on the self-system [M]// HETHERINGTON E M, MUSSEN P H. Handbook of child psychology: socialization, personality, and social development. Vol. 4. New York: Wiley, 1983.

HARTER S. Competence as a dimension of self-evaluation: toward a comprehensive model of self-worth [M]// LEARY M R. The development of the self. Vol. 2. San Diego, CA: Academic press, 1985a: 55-121.

HARTER S. The self-perception profile for children [M]. Denver CO: University of Denver, 1985b.

HARTER S. Developmental processes in the construction of the self [M]// MCGURK H. Childhood social development: contemporary perspectives.East Essex, UK: Lawrence Erlbaum, 1993: 45-78.

HARTER S. The development of self-representations [M]// EISENBER N. Handbook of child psychology: social, emotional, and personality development.5th ed.New York: Wiley, 1998: 102-132.

HARTER S. The construction of the self [M]. New York: Guilford Press, 1999.

HARTER S. The development of self-representations during childhood and adolescence [M]// LEARY M R, TANGNEY J P. Handbook of self and identity. New York, NY: Guilford Press, 2003: 610-642.

HARTER S, PIKE R. The pictorial scale of perceived competence and social acceptance for young children [J]. Child development, 1984: 1969-1982.

HAWKLEY L C, CACIOPPO J T. Loneliness matters: A theoretical and empirical review of consequences and mechanisms [J]. Annals of behavioral medicine, 2010, (40): 218-227.

HEINE S J. Making sense of East Asian self-enhancement [J]. Journal of cross-cultural psychology, 2003, 34（5）: 596-602.

HEINE S J, LEHMAN D R, MARKUS H R, et al. Is there a universal need for positive self-regard ? ［J］. Psychological Review, 1999, 106: 766-794.

HOZA B, PELHAM W E . Social-cognitive predictors of treatment response in children with ADHD［J］. Journal of social and clinical psychology, 1995, 14（1）: 23-35.

HOZA B, GERDES A C, HINSHAW S P, et al. Self-perceptions of competence in children with ADHD and comparison children［J］. Journal of consulting and clinical psychology, 2004, 72（3）: 382.

HOZA B, MURRAY-CLOSE D, ARNOLD L E, et al. Time-dependent changes in positively biased self-perceptions of children with attention-deficit/hyperactivity disorder: a developmental psychopathology perspective［J］. Development and psychopathology, 2010, 22（2）: 375-390.

HOZA B, PELHAM JR W E, DOBBS J, et al. Do boys with attention-deficit/ hyperactivity disorder have positive illusory self-concepts ? ［J］. Journal of abnormal psychology, 2002, 111（2）: 268-278.

HYMEL S, BOWKER A, WOODY E. Aggressive versus withdrawn unpopular children: Variations in peer and self-perceptions in multiple domains［J］. Child development, 1993, 64（3）: 879-896.

HYMEL S, RUBIN K H, ROWDEN L, et al. Children's peer relationships: longitudinal prediction of internalizing and externalizing problems from middle to late childhood［J］. Child development, 1990, 61（6）: 2004-2021.

HYMEL S, VAILLANCOURT T, MCDOUGALL P, et al. Peer acceptance and rejection in childhood［M］// SMITH P K.Blackwell handbook of childhood social development. Malden: Blackwell Publishing, 2002: 265-284.

JACOBS J E, BLEEKER M M. CONSTANTINO M J. The self-system during childhood and adolescence: Development, influences, and implications［J］. Journal of psychotherapy integration, 2003, 13（1）: 33-65.

JAMES W. The principles of psychology［M］. Redditch: Read Books Ltd, 2013.

JIANG Y, JOHNSTON C. The Relationship Between ADHD Symptoms and Competence as Reported by Both Self and Others［J］. Journal of attention disorders,

2011, 16（5）: 418-426.

JOHN O P, ROBINS R W. Accuracy and bias in self-perception: individual differences in self-enhancement and the role of narcissism［J］. Journal of personality and social psychology, 1994, 66（1）: 206-219.

JUNTTILA N, VOETEN M, KAUKIAINEN A, et al. Multisource assessment of children's social competence［J］. Educational and psychological measurement, 2006, 66（5）: 874-895.

JUSSIM L., Accuracy in social perception: criticisms, controversies, criteria, components, and cognitive processes［J］. Advances in experimental social psychology, 2005, 37: 1-93.

KAISER N M , HOZA B , PELHAM W E , et al. ADHD status and degree of positive illusions: moderational and mediational relations with actual behavior［J］. Journal of attention disorders, 2008, 12（3）: 227-238..

KENNY D A. Person: A general model of interpersonal perception［J］. Personality and social psychology review, 2004, 8（3）: 265-280.

KENNY D A, DEPAULO B M. 1993, Do people know how others view them ? An empirical and theoretical account［J］. Psychological bulletin, 114: 145-161.

KENNY D A, WEST T V. Similarity and agreement in self-and other perception: a meta-analysis［J］. Personality and social psychology review, 2010, 14（2）: 196-213.

KENNY D A, SNOOK A, BOUCHER E M, et al. Interpersonal sensitivity, status, and stereotype accuracy［J］. Psychological science, 2010, 21（12）: 1735.

KEYES C L M. Subjective well-being in mental health and human development research worldwide: an introduction［J］. Social indicators research, 2006, 77（1）: 1-10.

KING D A, DANIEL L G. Psychometric integrity of the self-esteem index: a comparison of normative and field study results［J］. Educational and psychological measurement, 1996, 56（3）: 537-550.

KISTNER J. Children's peer acceptance, perceived acceptance, and risk for depression［M］// JOINER T E, BROWN J S, KISTNER J. The interpersonal, cognitive, and social nature of depression［J］. Mahwah, NJ, US: Lawrence Erlbaum Associates Publishers, 2006: 1-21.

KISTNER J A , DAVID-FERDON C F , REPPER K K , et al. Bias and accuracy of children's perceptions of peer acceptance: prospective associations with depressive symptoms [J]. Journal of abnormal child psychology, 2006, 34 (3): 349-361.

KNOUSE L E, BAGWELL C L, BARKLEY R A, et al. Accuracy of self-evaluation in adults with ADHD [J]. Journal of attention disorders, 2005, 8 (4): 221-234.

KOLAR D W, FUNDER D C, COLVIN C R. Comparing the accuracy of personality judgments by the self and knowledgeable others [J]. Journal of personality, 1996, 64 (2): 311-337.

KOOIJ J, BUITELAAR J K, OORD E J, et al. Internal and external validity of attention-deficit hyperactivity disorder in a population-based sample of adults [J]. Psychological medicine, 2005, 35 (6): 817-827.

KRUGLANSKI A W. The psychology of being "right": the problem of accuracy in social perception and cognition [J]. Psychological bulletin, 1989, 106 (3): 395-409.

Kunda Z. The case for motivated reasoning [J]. Psychological bulletin, 1990, 108 (3): 480-498.

LADD G W. Having friends, keeping friends, making friends, and being liked by peers in the classroom: predictors of children's early school adjustment ? [J]. Child development, 1990, 61 (4): 1081-1100.

LADD G W. Peer rejection, aggressive or withdrawn behavior, and psychological maladjustment from ages 5 to 12: An examination of four predictive models [J]. Child development, 2006, 77 (4): 822-846.

LEDINGHAM J E, YOUNGER A, SCHWARTZMAN A, et al. Agreement among teacher, peer, and self-ratings of children's aggression, withdrawal, and likability [J]. Journal of abnormal child psychology, 1982, 10 (3): 363-372.

LEVESQUE M J, KENNY D A. Accuracy of behavioral predictions at zero acquaintance: A social relations analysis [J]. Journal of personality and social psychology, 1993, 65 (6): 1178-1187.

LEWINSOHN P M, MISCHEL W, CHAPLIN W, et al. Social competence and depression: the role of illusory self-perceptions [J]. Journal of abnormal child psychology, 1980, 89 (2): 203-212.

LUCAS R E, BAIRD B M. Global self-assessment [M]// EID M, DIENER E. Handbook of multimethod measurement in psychology.Washington DC: American psychological association, 2006: 29-42.

LUO S, SNIDER A G. Accuracy and biases in newlyweds' perceptions of each other: not mutually exclusive but mutually beneficial [J]. Psychological science, 2009, 20 (11): 1332-1339.

MALLOY T E, YARLAS A, MONTVILO R K, et al. Agreement and accuracy in children's interpersonal perceptions: a social relations analysis [J]. Journal of personality and social psychology, 1996 (7): 692-702.

MANTZICOPOULOS P. Younger children's changing self-concepts: Boys and girls from preschool through second grade [J]. The journal of genetic psychology, 2006, 167 (3): 289-308.

MANTZICOPOULOS P, FRENCH B F, MALLER S J.Factor structure of the pictorial scale of perceived competence and social acceptance with two pre-elementary samples [J]. Child development, 2004, 75 (4): 1214-1228.

MARCOEN A, SCHOEFS V. The internal working model of the self, attachment, and competence in five-year-olds [J]. Child development, 1996, 67 (5): 2493-2511.

MARSH H W. Self-serving effect (bias ?) in academic attributions: Its relation to academic achievement and self-concept [J]. Journal of educational psychology, 1986, 78: 190-200.

MARSH H W. Self description questionnaire: a theoretical and empirical basis for the measurement of multiple demensions of preadolescent self-concept: a test manual and a research monograph [M]. San Antonio: Psychological Corp, 1988.

MARSH H W. Age and sex effects in multiple dimensions of self-concept: Preadolescence to early adulthood [J]. Journal of educational psychology, 1989, 81 (3): 417-430.

MARSH H W. A multidimensional, hierarchical model of self-concept: theoretical and empirical justification [J]. Educational Psychology Review, 1990, 2 (2): 77-172.

MARSH H W. Failure of high-ability high schools to deliver academic benefits commensurate with their students' ability levels [J]. American educational research journal, 1991, 28（2）: 445-480.

MARSH H W. Self Description Questionnaire（SDQ） Ⅱ: a theoretical and empirical basis for the measurement of multiple dimensions of adolescent self-concept: an interim test manual and a research monograph［M］. New South Wales, Australia: University of Western Sydney, Faculty of Education, 1992.

MARSH H W. O'NEILL R. Self description questionnaire III: the construct validity of multidimensional self-concept ratings by late adolescents［J］. Journal of educational measurement, 1984, 21（2）: 153-174.

MARSH H W, CRAVEN R G, DEBUS R. Self-concepts of young children 5 to 8 years of age: Measurement and multidimensional structure［J］. Journal of educational psychology, 1991, 83（3）: 377-392.

MARSH H W, CRAVEN R G, DEBUS R. Structure, stability, and development of young children's self-concepts: a multicohort-multioccasion study［J］. Child development, 1998, 69（4）: 1030-1053.

MARSH H W, ELLIS L A, CRAVEN R G. How do preschool children feel about themselves？ unraveling measurement and multidimensional self-concept structure ［J］. Developmental psychology, 2002, 38（3）: 376-393.

MARSHALL M, BROWN J. Emotional reactions to achievement outcomes: Is it really best to expect the worst？ ［J］.Cognition , emotion, 2006, 20（1）: 43-63.

MASI C M, CHEN H Y, HAWKLEY L C, et al. A meta-analysis of interventions to reduce loneliness［J］. Personality and social psychology review, 2011（15）: 219-266.

MASTEN A, MORISON P, PELLEGRINI D. A revised class play method of peer assessment［J］. Developmental psychology, 1985, 21（3）: 523-533.

MCELHANEY K B, ANTONISHAK J, ALLEN J P. "They like me, they like me not": popularity and adolescents' perceptions of acceptance predicting social functioning over time［J］. Child development, 2008, 79（3）: 720-731.

MCGRATH E P, REPETTI R L. A longitudinal study of children's depressive symptoms, self-perceptions, and cognitive distortions about the self［J］. Journal of abnormal psychology, 2002, 111（1）: 77-87.

MCQUADE J D, TOMB M, HOZA B, et al. Cognitive deficits and positively biased self-perceptions in children with ADHD［J］. Journal of abnormal child

psychology, 2011, 39: 307-319.

MEAD G H. Mind, self and society [M]. Vol. 111.Chicago: Chicago University of Chicago Press. 1934.

MEASELLE J R, ABLOW J C, COWAN P A, et al. Assessing young children's views of their academic, social, and emotional lives: an evaluation of the self-perception scales of the berkeley puppet interview [J]. Child development, 1998, 69 (6): 1556-1576.

MEZULIS A H, ABRAMSON L Y, HYDE J S, et al. Is there a universal positivity bias in attributions? a meta-analytic review of individual, developmental, and cultural differences in the self-serving attributional bias [J]. Psychological bulletin, 2004, 130 (5): 711-747.

MISCHEL W. On the interface of cognition and personality: beyond the person-situation debate [J]. American Psychologist, 1979, 34 (9): 740-754.

MUTHÉN L K, MUTHÉN B O. Mplus User's Guide [M]. 7th ed.Los Angeles, CA: Muthén and Muthén, 2012.

MUTHÉN B, ASPAROUHOV T. Growth mixture modeling: analysis with non-gaussian random effects [M]// FITZMAURICE G, DAVIDIAN M, VERBEKE G, et al. Advances in longitudinal data analysis. Raton, FL: Chapman&Hall/CRC Press, 2007: 143-165.

NARCISS S, KOERNDLE H, DRESEL M. Self-evaluation accuracy and satisfaction with performance: are there affective costs or benefits of positive self-evaluation bias ? [J]. International journal of educational research, 2011 (50): 230-240.

NELSON D A, CRICK N R. Rose-colored glasses: Examining the social information-processing of prosocial young adolescents [J]. The journal of early adolescence, 1999 (19): 17-38.

NELSON L J, RUBIN K H, FOX N A. Social withdrawal, observed peer acceptance, and the development of self-perceptions in children ages 4 to 7 years [J]. Early Childhood Research Quarterly, 2005, 20 (2): 185-200.

NICHOLLS J G. The development of the concepts of effort and ability, perception of academic attainment, and the understanding that difficult tasks require more ability [J]. Child development, 1978, 49 (3): 800-814.

NICHOLLS J G. Development of perception of own attainment and causal attributions for success and failure in reading [J]. Journal of educational psychology, 1979, 71（1）: 94-99.

NICHOLLS J G, MILLER A T. Reasoning about the ability of self and others: a developmental study [J]. Child development, 1984, 55（6）: 1990-1999.

OH W, RUBIN K H, BOWKER J C, BOOTH-LAFORCE, C, et al. Trajectories of social withdrawal from middle childhood to early adolescence [J]. Journal of abnormal child psychology, 2008, 36（4）: 553-566.

OREG S, BAYAZIT M. Prone to bias: Development of a bias taxonomy from an individual differences perspective [J]. Review of general psychology, 2009, 13（3）: 175.

OROBIO DE CASTRO B, BRENDGEN M, VAN BOXTEL H, et al. Accept Me, or Else: Disputed Overestimation of Social Competence Predicts Increases in Proactive Aggression [J]. Journal of abnormal child psychology, 2007, 35（2）: 165-178.

OWENS J S, HOZA B. The role of inattention and hyperactivity/impulsivity in the positive illusory bias [J]. Journal of consulting and clinical psychology, 2003, 71（4）: 680.

OWENS J S, GOLDFINE M E, EVANGELISTA N M, et al. A critical review of self-perceptions and the positive illusory bias in children with ADHD [J]. Clinical child and family psychology review, 2007, 10（4）: 335-351.

PAJARES F. Toward a positive psychology of academic motivation [J]. The journal of educational research, 2001, 95（1）: 27-35.

PARKER J G, ASHER S R. Peer relations and later personal adjustment: are low-accepted children at risk ? [J]. Psychological bulletin, 1987, 102（3）: 357-389.

PARKER J G, ASHER S R. Friendship and friendship quality in middle childhood: Links with peer group acceptance and feelings of loneliness and social dissatisfaction [J]. Developmental psychology, 1993, 29: 611-621.

PATTERSON C J, KUPERSMIDT J B, GRIESLER P C. Children's perceptions of self and of relationships with others as a function of sociometric status [J]. Child development, 1990, 61: 1335-1349.

PAULHUS D L, JOHN O P. Egoistic and moralistic biases in self-perception: the interplay of self-deceptive styles with basic traits and motives [J]. Journal of personality, 1998, 66 (6): 1025-1060.

PAULHUS D L, VAZIRE S. The self-report method [M]//ROBINS R W, FRALEY R C, KRUEGER R. Handbook of research methods in personality psychology. New York, NY: Guilford Press. 2007, 224-239.

PAULHUS D L, HARMS P D, BRUCE M N, et al. The over-claiming technique: Measuring self-enhancement independent of ability [J]. Journal of personality and social psychology, 2003, 84 (4): 890-904.

PAUNONEN S V, O'NEILL T A. Self-reports, peer ratings and construct validity [J]. European journal of personality, 2010, 24 (3): 189-206.

PAVRI S, MONDA-AMAYA L. Loneliness and students with learning disabilities in inclusive classrooms: self-perceptions, coping strategies, and preferred interventions [J]. Learning disabilities research practice, 2000, 15 (1): 22-33.

PEETS K, KIKAS E. Aggressive strategies and victimization during adolescence: grade and gender differences, and cross-informant agreement [J]. Aggressive behavior, 2006, 32 (1): 68-79.

PERLMAN D, PEPLAU L A, PEPLAU L. Loneliness research: a survey of empirical findings [M]//PEPLAU S E. Preventing the harmful consequences of severe and persistent loneliness.Rockville, MD: National Institute of Mental Health, 1984: 13-47.

PHILLIPS D. The illusion of incompetence among academically competent children [J]. Child development, 1984, 55 (6): 2000-2016.

PHILLIPS D A. Socialization of perceived academic competence among highly competent children [J]. Child development, 1987, 58 (5): 1308-1320.

PHILLIPS D A, Zimmerman M. The developmental course of perceived competence and incompetence among competent children [M]//STERNBERG R J, KOLLIGAN J. Competence considered. New Haven, CT: Yale University Press, 1990: 41-67.

PREUSS G S, ALICKE M D. Everybody loves me: self-evaluations and metaperception of dating popularity [J]. Personality and social psychology bulletin, 2009, 35 (7): 937-950.

PRONIN E, KUGLER M B. Valuing thoughts, ignoring behavior: The introspection illusion as a source of the bias blind spot [J]. Journal of Experimental Social Psychology, 2007, 43 (4): 565-578.

PRONIN E, KRUGER J, SAVTISKY K L, et al. You don't know me, but I know you: The illusion of asymmetric insight [J]. Journal of personality and social psychology, 2001, 81 (4): 639-656.

QIAN M, WANG A, CHEN Z. A comparison of classmate and self-evaluation of dysphoric and nondysphoric Chinese students [J]. Cognition & Emotion, 2002, 16 (4): 565-576.

ROBINS R W, BEER J S. Positive illusions about the self: Short-term benefits and long-term costs [J]. Journal of personality and social psychology, 2001, 80 (2): 340-352.

ROGERS C R. A theory of therapy, personality, and interpersonal relationships, as developed in the client-centered framework [J]. Psychology: A study of a science, 1959 (3): 184-256.

RUBIN K H, BURGESS K. Social withdrawal [M]//VASEY M W, DADDS M R. The developmental psychopathology of anxiety. Oxford, UK: Oxford University Press, 2001: 407-434.

RUBIN K H, COPLAN R J. The development of shyness and social withdrawal [M]. New York, NY: The Guilford Press, 2010.

RUBIN K H, MILLS R S. The many faces of social isolation in childhood [J]. Journal of Consulting and Clinical Psychology, 1988, 56 (6): 916-924.

RUBIN K H, COPLAN R J, BOWKER J. Social withdrawal in childhood [J]. Annual review of psychology, 2009, 60: 141-171.

RUBIN K H, HYMEL S, MILLS R S L. Sociability and social withdrawal in childhood: stability and outcomes [J]. Journal of personality, 1989, 57: 237-255.

RUBIN K H, ASENDORPF J. Social withdrawal, inhibition and shyness in childhood [M]. Hillsdale, NJ: Erlbaum, 1993.

RUBLE D N. The development of social-comprehension processes and their role in achievement related self-socialisation [M]//HIGGINS E T, RUBLE D N, HARTUP W W. Social cognition and social development: a sociocultural perspective. Cambridge: Cambridge University Press, 1983: 134-156.

RUBLE D N, FLETT G L. Conflicting goals in self-evaluative information seeking: developmental and ability level analyses [J]. Child development, 1988, 59 (1): 97-106.

RUBLE D N, GROSOVSKY E H, FREY K S, et al. Developmental changes in competence assessment [M]//BOGGIANO A K, PITTMAN T S. Achievement and motivation: a social-developmental perspective. New York: Cambridge University, 1992: 138-164.

SALLEY C G, VANNATTA K, GERHARDT C A, et al. Social self-perception accuracy: variations as a function of child age and gender [J]. Self and Identity, 2010, 9 (2): 209-223.

SALLQUIST J, EISENBERG N, FRENCH D C, et al. Indonesian adolescents' spiritual and religious experiences and their longitudinal relations with socioemotional functioning [J]. Developmental psychology, 2010, 46 (3): 699-716.

SALMIVALLI C, OJANEN T, HAANPAA J, et al. "I'm OK but You're Not" and other peer-relational schemas: explaining individual differences in children's social goals [J]. Developmental psychology, 2005, 41 (2): 363-375.

SAPP M, FARRELL W, DURAND H. Cognitive-behavioral therapy: Applications for African-American middle school at-risk students [J]. Journal of instructional psychology, 1995, 22 (2): 169-177.

SCHAFER J L, GRAHAM J W. Missing data: our view of the state of the art [J]. Psychological methods, 2002, 7 (2): 147-177.

SCHOLTENS S, DIAMANTOPOULOU S, TILLMAN C M, et al. Effects of symptoms of ADHD, ODD, and cognitive functioning on social acceptance and the positive illusory bias in children [J]. Journal of attention disorders, 2011, 16 (8): 685-696.

SEDIKIDES C, GREGG A P. Self-enhancement: food for thought [J]. Perspectives on psychological science, 2008, 3 (2): 102-116.

SEDIKIDES C, STRUBE M J. Self-evaluation: to thine own self be good, to thine own self be sure, to thine own self be true, and to thine own self be better [J]. Advances in experimental social psychology, 1997, 29: 209-269.

SEDIKIDES C, GAERTNER L, VEVEA J L. Pancultural self-enhancement reloaded: a meta-analytic reply to Heine [J]. British journal of educational

psychology, 2005, 68: 321-330.

SEGERSTROM S C, TAYLOR S E, KEMENY M E, et al. Optimism is associated with mood, coping and immune change in response to stress [J]. Journal of personality and social psychology, 1998, 74 (6): 1646-1655.

SEROCZYNSKI A, COLE D A, MAXWELL S E. Cumulative and compensatory effects of competence and incompetence on depressive symptoms in children [J]. Journal of abnormal psychology, 1997, 106 (4): 586-597.

SHAFFER D R. Developmental psychology: childhood and adolescence [M]. 6th ed. Belmont CA: Wadsworth, 2001: 455-488.

SHAVELSON, R J, BOLUS R. Self concept: the interplay of theory and methods [J]. Journal of educational psychology, 1982, 74 (1): 3-17.

SHAVELSON R J, HUBNER J J, STANTON G C. Self-concept: validation of construct interpretations [J]. Review of educational research, (1976). 46 (3): 407-441.

SHRAUGER J S, RAM D, GRENINGER S A, et al. Accuracy of self-predictions versus judgments by knowledgeable others [J]. Personality and social psychology bulletin, 1996, 22 (12): 1229-1243.

SLETTA O, VALÅS H, SKAALVIK E, et al. Peer relations, loneliness, and self-perceptions in school-aged children [J]. British Journal of educational psychology, 1996, 66 (4): 431-445.

SMÁRI J, PORSTEINSDÓTTIR V. Social anxiety and depression in adolescents in relation to perceived competence and situational appraisal [J]. Journal of adolescence, 2001, 24 (2): 199-207.

SMITH T W, UCHINO B N, BERG C A, et al. Hostile personality traits and coronary artery calcification in middle-aged and older married couples: different effects for self-reports versus spouse ratings [J]. Psychosomatic medicine, 2007, 69: 441-448.

SNODGRASS S E. Women's intuition: the effect of subordinate role on interpersonal sensitivity [J]. Journal of personality and social psychology, 1985, 49 (1): 146-155.

SNODGRASS S E. Further effects of role versus gender on interpersonal sensitivity [J]. Journal of personality and social psychology, 1992, 62 (1): 154-

158.

SPAIN J S, EATON L G, FUNDER D C. Perspective on personality: the relative accuracy of self versus others for the prediction of emotion and behavior [J]. Journal of personality, 2000, 68 (5): 837-867.

STIGLER J W, SMITH S, MAO L W. The self-perception of competence by Chinese children [J]. Child development, 1985, 56 (5): 1259-1270.

STIPEK D, IVER D M. Developmental change in children's assessment of intellectual competence [J]. Child development, 1989, 60 (3): 521-538.

SURBER C F. The development of reversible operations in judgments of ability, effort, and performance [J]. Child development, 1980, 51 (4): 1018-1029.

SWANN W B, READ S J. Self-verification processes: how we sustain our self-conceptions [J]. Journal of experimental social psychology, 1981, 17 (4): 351-372.

TAYLOR S E, ARMOR D A. Positive illusions and coping with adversity [J]. Journal of personality, 1996, 64 (4): 873-898.

TAYLOR S E, BROWN J D. Illusion and well-being: A social psychological perspective on mental health [J]. Psychological bulletin, 1988, 103 (2): 193-210.

TAYLOR S E, LERNER J S, SHERMAN D K, et al. Portrait of the self-enhancer: Well adjusted and well liked or maladjusted and friendless? [J]. Journal of personality and social psychology, 2003, 84 (1): 165-176.

TEACHMAN B A, ALLEN J P. Development of social anxiety: Social interaction predictors of implicit and explicit fear of negative evaluation [J]. Journal of abnormal child psychology, 2007, 35 (1): 63-78.

TERRELL-DEUTSCH B, ROTENBERG K, HYMEL S. The conceptualization and measurement of childhood loneliness[M]// ROTENBERG K J,Hymel S.Loneliness in childhood and adolescence. New York: Cambridge University Press, 1999: 11-33.

TOYAMA M.Are positive illusions adaptive? self- and other-rating [J]. Japanese journal of psychology, 2008, 79 (3): 269-275.

TRAM J M, COLE D A. Self-perceived competence and the relation between life events and depressive symptoms in adolescence: mediator or moderator? [J]. Journal of abnormal psychology, 2000, 109 (4): 753-760.

TWENGE J M. Changes in masculine and feminine traits over: a meta-analysis

［J］. Sex Roles.1997，36：305-325.

URUK A C, DEMIR A. The role of peers and families in predicting the loneliness level of adolescents［J］. The Journal of Psychology, 2003, 137（2）: 179-193.

VAZIRE S. Informant reports: A cheap, fast, and easy method for personality assessment［J］. Journal of research in personality, 2006, 40（5）: 472-481.

VAZIRE S, MEH M R. Knowing me, knowing you: the accuracy and unique predictive validity of self-ratings and other-ratings of daily behavior［J］. Journal of personality and social psychology, 2008, 95（5）: 1202-1216.

VERSCHUEREN K, MARCOEN A. Representation of self and socioemotional competence in kindergartners: differential and combined effects of attachment to mother and to father［J］. Child development, 1999, . 70（1）: 183-201.

VERSCHUEREN K, BUYCK P, MARCOEN A. Self-representations and socioemotional competence in young children: a 3-year longitudinal study［J］. Developmental psychology, 2001, 37（1）: 126-134.

WELLMAN H M, CROSS D, WATSON J. Meta-analysis of theory-of-mind development: the truth about false belief［J］. Child development, 2001, 72（3）: 655-684.

WELSH M, PARKE R D, WIDAMAN K, et al. Linkages between children's social and academic competence: a longitudinal analysis［J］. Journal of school psychology, 2001, 39（6）: 463-482.

WEST T V, KENNY D A. The truth and bias model of judgment［J］. Psychological review, 2011, 118（2）: 357-378.

WHITTON S W, LARSON J J, HAUSER S T. Depressive symptoms and bias in perceived social competence among young adults［J］. Journal of clinical psychology, 2008, 64（7）: 791-805.

WIGFIELD A, ECCLES J S, YOON K S, et al. Change in children's competence beliefs and subjective task values across the elementary school years: a 3-year study［J］. Journal of educational psychology, 1997, 89（3）: 451-469.

WYLIE R C. The self-concept: a review of methodological considerations and measuring instruments［M］. Vol. 2. Lincoln: University of Nebraska Press, 1974.

YOUNGER A J, DANIELS T M. Children's reasons for nominating their peers as withdrawn: passive withdrawal versus active isolation［J］. Developmental

psychology, 1992, 28: 955-960.

YU G, ZHANG Y, YAN R. Loneliness, peer acceptance, and family functioning of Chinese children with learning disabilities: characteristics and relationships [J]. Psychology in the schools, 2005, 42 (3): 325-331.

ZHANG F, YOU Z, FAN C, et al. Friendship quality, social preference, proximity prestige, and self-perceived social competence: interactive influences on children's loneliness [J]. Journal of school psychology, 2014, 52 (5): 511-526.

ZIMMER-GEMBECK M J, HUNTER T A, Pronk R. A model of behaviors, peer relations and depression: perceived social acceptance as a mediator and the divergence of perceptions [J]. Journal of social and clinical psychology, 2007, 26: 273-302.

ZUCKER M, MORRIS M K, INGRAM S M, et al. Concordance of self-and informant ratings of adults' current and childhood attention-deficit/hyperactivity disorder symptoms [J]. Psychological assessment, 2002, 14 (4): 379-389.

附 录

社交自我知觉（我是什么样的）问卷

下面，在表格里有些句子，它们反映了你们每个人是什么样的人，没有正确和错误之分。每个人都是不一样的，所以你们每个人所写的也就不一样。你首先要确定你是更像左边的那种孩子，还是更像右边的那种孩子。这时还不要写答案。然后再来考虑第二步，它是有一点符合你，还是完全符合你。在相对应的答案下面打"√"。对每个句子，你只能在一个方框里打"√"，它可能在这页纸的左边，也可能在右边。不能两边都选，只能在最像你的一边选择。

完全符合我	有点符合我				完全符合我	有点符合我
		一些孩子课余时更喜爱到外面去玩	而	另外一些孩子更喜爱看电视		
		一些孩子觉得交朋友很困难	而	另外一些孩子觉得交朋友很容易		
		一些孩子有很多朋友	而	另外一些孩子没什么朋友		
		一些孩子希望朋友再多些就好了	而	另外一些孩子觉得自己的朋友已经够了		
		一些孩子经常一大帮人一起做事	而	另外一些孩子常常自己一个人做事		

续 表

完全符合我	有点符合我				完全符合我	有点符合我
		一些孩子希望要是更多的同龄人喜欢自己就好了	而	另外一些孩子觉得自己很受大多数同龄人的喜欢		
		一些孩子很招别的孩子喜欢	而	另外一些孩子不怎么招别人喜欢		

同伴提名问卷

最喜欢同学提名

选出你在班上最喜欢的三个同学，把他们的名字的编号写在下面的
"＿＿＿"上。

1.＿＿＿＿＿　　　2.＿＿＿＿＿　　　3.＿＿＿＿＿

最不喜欢同学提名

选出你在班上最不喜欢的三个同学，把他们的名字的编号写在下面的
"＿＿＿"上。

1.＿＿＿＿＿　　　2.＿＿＿＿＿　　　3.＿＿＿＿＿

同伴评定问卷

评定（Ratings）

对班上每一个同学，按你喜欢的程度进行评定。把每个人的分数填在他 / 她的名字后面的表里。

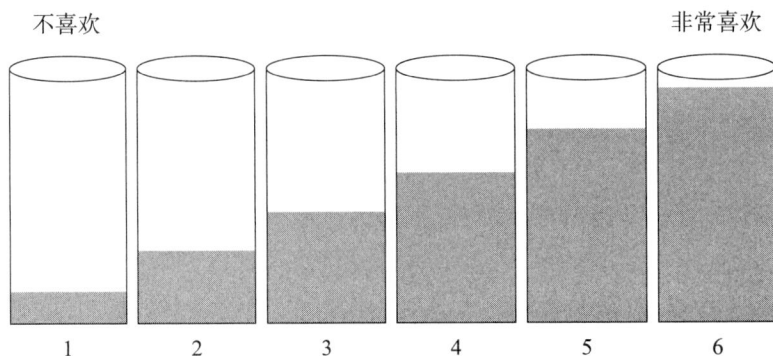

不喜欢　　　　　　　　　　　　　　　　　　　　非常喜欢

1　　　2　　　3　　　4　　　5　　　6

别人对你的评定
(Predicted/Perceived Ratings)

请评定班上每一个同学对你的喜欢程度。把你认为每个人会给你打的分数填在他 / 她的名字后面的表里。

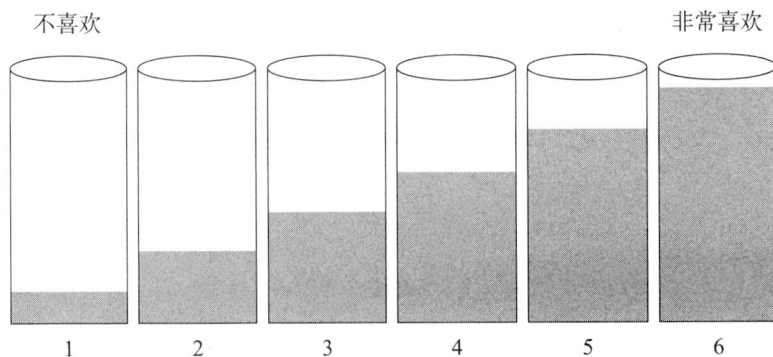

不喜欢　　　　　　　　　　　　　　　　　　　　非常喜欢

1　　　2　　　3　　　4　　　5　　　6

同伴乐观问卷

下面是有关你自己的一些说法，请想想每种说法的准确程度，再做选择。请在最合适的⬭中打"√"。答案没有对错之分，只要最接近你自己的情况就好。

1. 一般来说，看到一群孩子玩得高兴时，我要和他们一起玩不难。

合适　　有些合适　　有些不合适　　不合适

2. 和其他孩子在一起时，我常常觉得不对劲。

合适　　有些合适　　有些不合适　　不合适

3. 和其他孩子在一起时，我常常觉得不会有什么好事。

合适　　有些合适　　有些不合适　　不合适

4. 我和其他孩子交朋友很容易。

合适　　有些合适　　有些不合适　　不合适

5. 一般来说，其他孩子不爱叫我和他们一起玩。

合适　　有些合适　　有些不合适　　不合适

6. 要是我说不准别的孩子打算干什么时，我就会觉得他们要干的是好事。

  ○ 合适　 ○ 有些合适　 ○ 有些不合适　 ○ 不合适

7. 和别人交往时，一般我知道自己不会很容易交上朋友。

  ○ 合适　 ○ 有些合适　 ○ 有些不合适　 ○ 不合适

8. 一般来说，我希望同学能在课间叫我一起玩。

  ○ 合适　 ○ 有些合适　 ○ 有些不合适　 ○ 不合适

9. 我觉得，要加入到一群正在玩的孩子中很难。

  ○ 合适　 ○ 有些合适　 ○ 有些不合适　 ○ 不合适

10. 在碰到新来的孩子时，我有一种这是好事的感觉。

  ○ 合适　 ○ 有些合适　 ○ 有些不合适　 ○ 不合适

班级戏剧量表

现在请大家参加一个演戏剧的活动。假设你是该剧的编导，活动中最重要的事情是选择合适的人来担当不同的角色。以下是该剧中的 40 个角色，请你从本班中挑选出最适合扮演各个角色的同学来。若有的同学适合几种角色，你可以选这个同学扮演几个角色。因为编导是很忙的，所以不能选择自己当演员，请把自己的编号写在编导一栏。请你从班级同学名单中选出一个或几个最适合扮演该角色的同学，并在该角色右边的方框中写上他们的编号（每题至少选一个，可以多于十个）。每一题请仔细浏览过全班同学的名字后再填编号，并不要互相讨论。

你是编导，你的编号是_____

题号	题目	能够扮演这些角色的同学（只写编号）									
1	别人在背后说他 / 她坏话的人										
2	别人都喜欢和他 / 她在一起										
3	一个和别人交朋友有困难的人										
4	别人需要时乐于助人的人										
5	容易与别人争吵的人										
6	经常威胁别人的人										
7	别人都听他 / 她的话										
8	当他 / 她生气或想要报复别人时受到冷落的人										
9	别人总是想让他 / 她感到不舒服										
10	很霸道的人										
11	具有幽默感的人										

续表

题号	题目	能够扮演这些角色的同学（只写编号）							
12	生别人的气时，不理别人或停止与别人谈话的人								
13	别人总是对他／她使坏								
14	一个好的领导者								
15	被别人造谣后，很多人不再喜欢他／她的人								
16	被别人排斥在一边的人								
17	有很多朋友的人								
18	别人总是对他／她很挑剔								
19	能使事情顺利进行的人								
20	平时总是很伤心的人								
21	别人总爱取笑他／她								
22	经常挨别人骂的人								
23	他／她总是挑剔别人的毛病								
24	干事情有很多好主意的人								
25	经常被他人攻击和欺负的人								
26	容易交上新朋友的人								
27	喜欢到处使坏心眼、开恶意玩笑的人								
28	不愿意和别人一起玩，宁愿自己一个人玩的人								
29	感情容易受到伤害的人								
30	总是挑起争斗的人								
31	在学校中阻止某些同学加入他们／她们活动的人								
32	无法让别人听他／她的话的人								
33	总是取笑别人的人								

续表

题号	题目	能够扮演这些角色的同学（只写编号）					
34	值得信任的人						
35	为了报复，不让别人加入他 / 她的朋友圈子的人						
36	常常为一点小事或无缘无故与别人打架的人						
37	为了使大家不喜欢某人，他 / 她会散布谣言或背后说别人坏话						
38	非常害羞的人						
39	常常挨打的人						
40	他 / 她会跟别人说："如果你不按我说的办，我将不再喜欢你。"						

友谊质量问卷

这个问卷是想了解你与班上最要好的朋友的实际情况。下面每道题有 5 种选择答案，分别代表 5 种情况，请根据你和最好朋友之间的实际情况，选择一个最符合的答案，并在代表该答案的数字上画"○"。注意不要漏答或错行。

在做之前，请先写出你的编号：_____，你最要好的朋友的编号：_____。

题号	请记住下面评论的始终是你与你最好朋友的关系	完全不符	不太符合	有点符合	比较符合	完全符合
1	任何时候，只要有机会我们就坐在一起	0	1	2	3	4
2	我们常常互相生气	0	1	2	3	4
3	他/她告诉我，我很能干	0	1	2	3	4
4	这个朋友和我使对方觉得自己很重要、很特别	0	1	2	3	4
5	做事情时，我们总把对方当作同伴	0	1	2	3	4
6	如果我们互相生气，会在一起商量如何使大家都消气	0	1	2	3	4
7	我们总在一起讨论我们遇到的问题	0	1	2	3	4
8	这个朋友让我觉得自己的一些想法很好	0	1	2	3	4
9	当我遇到生气的事情时，我会告诉他/她	0	1	2	3	4
10	我们常常争论	0	1	2	3	4
11	这个朋友和我在课间总是一起玩	0	1	2	3	4
12	这个朋友常给我一些解决问题的建议	0	1	2	3	4
13	我们一起谈论使我们感到难过的事	0	1	2	3	4
14	我们发生争执时，很容易和解	0	1	2	3	4
15	我们常常打架	0	1	2	3	4
16	他/她常常帮助我，所以我能够更快完成任务	0	1	2	3	4
17	我们能够很快停止争吵	0	1	2	3	4
18	我们做作业时常常互相帮助	0	1	2	3	4

孤独感量表

请认真阅读下面的每一句话，并对照你自己的情况，在适合自己的数字上画"○"。

		完全是这样	基本上是这样	不一定	很少这样	从来不这样
1	我常常锻炼身体	1	2	3	4	5
2	在学校里需要帮助时我无人可找	1	2	3	4	5
3	我很喜爱下棋	1	2	3	4	5
4	我在学校很难交朋友	1	2	3	4	5
5	我在学校里感到孤独	1	2	3	4	5
6	我觉得在学校里被忽视了	1	2	3	4	5
7	我常看电视	1	2	3	4	5
8	我喜爱画画	1	2	3	4	5
9	班上的同学很喜欢我	1	2	3	4	5
10	我与同学相处得好	1	2	3	4	5
11	我喜爱阅读	1	2	3	4	5
12	对我来说在学校交新朋友很容易	1	2	3	4	5
13	我喜爱学校	1	2	3	4	5
14	我在班上没有任何朋友	1	2	3	4	5

续 表

		完全是这样	基本上是这样	不一定	很少这样	从来不这样
15	我很难让学校里的孩子喜欢我	1	2	3	4	5
16	我在班上没有可以说话的人	1	2	3	4	5
17	我在班上有许多朋友	1	2	3	4	5
18	在学校里没有人跟我一块玩	1	2	3	4	5
19	我在学校里与别的孩子相处得不好	1	2	3	4	5
20	需要时我可以在班上找到朋友	1	2	3	4	5
21	我在班上善于跟别的孩子合作	1	2	3	4	5
22	我喜爱音乐	1	2	3	4	5
23	我喜爱科学	1	2	3	4	5
24	我在学校里感到孤单	1	2	3	4	5

后 记

早在本科阶段学习发展心理学这门课时，我就对儿童的发展产生了浓厚兴趣，并开始探索儿童社会能力与社会适应的一些问题。在硕士和博士阶段，研究兴趣转化成研究动力，我对儿童发展的一般规律开展了系列的研究，例如，我研究了儿童尊重与社交 / 领导性行为的发展规律。同时，我也对儿童社交自我知觉展开了研究，多篇研究成果已经发表在国内外的核心期刊上。在前期成果的基础上，本书进一步探索了儿童社交自我知觉发展特点、影响因素，以及对社会适应影响的一般规律，同时还深入分析了自我知觉准确性与偏差的发展特点、影响因素，及其对社会适应的影响。可以说，这是围绕儿童社交自我知觉这一研究主题展开的系列研究，研究的成果对了解儿童社交自我知觉发展规律及儿童社会性发展相关的干预技巧与指导方法均提供了较好的实证支持。

完成这本书的时候，我的孩子也从幼儿园毕业了。回忆起孩子刚入园时，家长群里的家长们对孩子们在学校的表现有种种疑问，我深深意识到自己所做的研究的意义，这促使我下定决心整理前期的研究成果，最终形成此书。当看着孩子在幼儿园与同伴追逐打闹时，当他在家里开始念叨哪些是他的好朋友时，当他向我们提出要邀请朋友来家里时，我意识到他已融入同伴群体中。无论是作为孩子的家长，还是作为一位发展心理学的研究者，看到孩子不断成长，内心的那种激动是无以言表的。

为完成这本书，我经历了不少的困难，有工作与写作的时间冲突，有学习新方法的艰难，还有调整研究思路和研究内容的徘徊。但是，正是因为有了各方的帮助和指导，我才能完成此书。在此刻，我最想表达的是自己的感激之情。

特别需要感谢的是我的导师周宗奎教授，正是在周老师的指导、教育，以及长期的关照下，我才能心无旁骛地投入研究。感谢师母范翠英教授，感谢她在研究思路和研究设计上给予我诸多指导和帮助。

书稿涉及儿童发展数据库数据的分析和梳理，而这些长年追踪数据凝聚了"发展之家"的老师、师兄师姐和师弟师妹们的辛勤汗水。特别感谢赵冬梅师姐、孙晓军师兄、平凡师姐、田媛和孔繁昌同学，以及无法一一列出名字的师弟师妹们，感谢他们的支持和鼓励。"发展之家"学术团队朴实纯真的科研情怀激励我不断前行。

毕业后，我成了社会工作系的一名教师。多亏学院领导和同事们的关照，我才有时间和精力完成这项研究。同时，书稿在撰写过程中也得到了他们的支持和帮助，特别感谢钟涨宝教授、万江红教授、田北海教授、张翠娥教授、萧洪恩教授、张陆副教授、李祖佩副教授、袁泉副研究员、张良副教授等，感谢他们在我个人学术成长上给予的关怀和无私帮助。